U0406239

财与你相遇
——最触动人心的情感理财故事

王诗文 著

電子工業出版社
Publishing House of Electronics Industry
北京·BEIJING

内容简介

不是谁变物质了，而是我们都变现实了。

光怪陆离的万物世界，看过太多分分合合后，才发现下一刻的安全感永远来自储蓄卡里实实在在的数字。

读过太多凄苦缠绵故意矫情的爱情故事，才知道别人编纂的即便再曲折跌宕也永远与自己无关，充其量是支睡前安眠曲罢了。

但，这本小说却能让你看到孤独的自己，找到现实生活中的强大依靠。

财与你相遇。

不早不晚，刚刚好。

我，在这儿等你。

图书在版编目（CIP）数据

财与你相遇：最触动人心的情感理财故事/王诗文著.
北京：电子工业出版社，2015.8
ISBN 978-7-121-26391-0

Ⅰ. ①财… Ⅱ. ①王… Ⅲ. ①财务管理－通俗读物 Ⅳ. ①TS976.15-49

中国版本图书馆 CIP 数据核字（2015）第 137329 号

责任编辑：徐津平
印　　刷：北京天来印务有限公司
装　　订：北京天来印务有限公司
出版发行：电子工业出版社
　　　　　北京市海淀区万寿路 173 信箱　邮编　100036
开　　本：880×1230　1/32　印张：9.25　字数：234 千字
版　　次：2015 年 8 月第 1 版
印　　次：2015 年 9 月第 2 次印刷
定　　价：45.00 元

凡所购买电子工业出版社图书有缺损问题，请向购买书店调换。若书店售缺，请与本社发行部联系，联系及邮购电话：（010）88254888。

质量投诉请发邮件至 zlts@phei.com.cn，盗版侵权举报请发邮件至 dbqq@phei.com.cn。

服务热线：（010）88258888。

推荐序一

如果读一本文艺小说可以拥有钱生钱的能力，这事儿你干不干？

反正我觉得靠谱。

与本书作者诗文认识已近十年时间。记得十年前，她采访我时，还是个刚拿起话筒没多久的财经记者。彼时，她一直有个梦想：待自己从业十年之际，将以小说的形式认认真真写本“人人愿意看，人人读得懂”的理财书。我非常支持她的这一想法，因为我始终觉得，也不止一次在公开场合说过，理财不是高贵的、深奥的、只属于成功人士的玩意儿，它应该是连街道老大妈都听得懂的财富道理，适用于每一个人。倘真能以小说的形式将生硬晦涩的理财知识融入情节演绎之中，想必更容易走进每个人的心里，运用于日常生活。一转眼这么多年过去，她果真践行了自己最初的梦想，也让我看到了一位财经媒体人的职业信仰与责任担当。

初读这本《财与你相遇——最触动人心的情感理财故事》，给我的第一感觉就是特别“接地气儿”。16 个触动人心的情感理财故事，16 位主人公，不同的人物命运与迥异的人生经历之下，包罗着各时期家庭日常理财的诸多技巧。虽然写的是他和她，但说的却是你和我。轻松读小说品人生的同时，也在潜移默化中学会了攒钱、存钱、钱生钱这些事儿。

其实钱是每个人一生中最离不开的依靠。试问：谁离了钱能生活？没有钱又拿什么做物质上的交换？所以，理财是门伴随成长的必修课。说白了，就是为明天存储今天的财富，就是给你手中挣到的钱“分配工作”，让不同的钱干不同的“活儿”。从大类上讲，有的钱是用于消费的，有的钱是用于储蓄的，有的钱是用于买国债的，有的钱是用于投基金的，有的钱是用于购房的，有的钱是用于买保险的。当你真的像老板一样，在开源节流的基础上给钱合理分工时，那么也就离财富自由不远了。更何况，身处这个互联网金融的崭新时代，投资渠道与理财工具的日渐多元化，为人们提供了更多理财选项，即从过去传统的“线下理财”逐步延展至“线下线上”相结合的理财新模式。所以，做个有“新计”的“财人”，让理财跟上时代的脚步，及早构建属于自己的“财富三角”才是最重要的。

刘彦斌
中国顶级理财专家

推荐序二

每天赚一个“肉包子”的小钱，也能让人觉得快乐。

在这个互联网金融时代，将“肉包子”的快乐年复一年累加起来绝对是种妥妥的幸福。

诗文的这本《财与你相遇》，从某种程度上讲与天弘基金让理财走入生活的互联网思维不谋而合。作为国内首部情感理财小说，每一个故事不单牵动你我心底最柔弱的神经，同时更于情节设置中巧妙穿插了诸多家庭理财最实用的技巧。如果让我用一句话总结，我会这样形容：这是一本让理财摆脱枯燥晦涩，让情感故事不再无病呻吟的创新型小说。让人读起来，就不舍得放下。

其实，大到国家，小到家庭，都有各自的“梦”，而这梦实现起来又都少不了经济的助力。眼下在中国，每八个人里就有一名是“宝粉”，几乎一分钟都有资金转入余额宝，这种闲钱理财的互联网生活方式在“宝粉”心里已经根深蒂固。

我一直觉得，理财就像人生，大起大落终归不如细水长流下的圆融平衡来得幸福，因为理财投资需要一个长久的沉淀过程，所以天弘基金“稳健理财，值得信赖”的理念深深植入每个天弘人。当一个人的理财观念变了，变得跟得上形势，方才意味着 Ta 与梦想的距离更近了。

说到底，想要主宰自己的人生，先要从会理财、理好财开始。不论你是负责赚钱养家的先生，还是负责貌美如花的女士，都有必要掌握些最基本的理财技巧，就像吃饭穿衣般，是再自然不过的事了。

王登峰

余额宝——中国资金量最大的明星基金之基金经理

写于开篇

理财也可以文艺些!

为什么非要板着脸严肃地罗列说教，或套用王先生、刘女士之类生硬枯燥的理财案例模板假装与现实嫁接呢？它，应该让人读上去有共鸣，合上书有思考，甚因某个人物或某段故事而将某个理财技巧深植心底的一种全新的表达形式。之所以甘愿耗时一年，撰写这部理财小说，原始冲动也便源于十年前的想法。

但光有冲动还不够，梦想的浇筑需要外因的促成。

某次做客电台，一位听众对我说，她真正对理财有感觉缘起于朋友的亲身经历——一段“屌丝”借投资逆袭的致富故事。提到“故事”这两个字的还有两位博友，他们留言说，有机会想把自己的情感理财故事讲出来，让我写进博客。就这样，在周遭陌生人三番五次的“怂恿”下，冲动渐次有了雏形。

来得早不如赶得巧。2012 年的一封邮件彻底让滞留在脑仁儿里的想法接了地气。

彼时，电子工业出版社的爱萍编辑慕名发来书稿邀约。后来才知道，是前些年博客较高的转载率吸引了她的注意。就这样，我们认识并互留了电话。但此后的一年多，又先后有四家出版社直接或间接联系到我，寻求合作。许是缘分使然，百转千回后，直至 2014 年，才机缘巧合地与爱萍正式签下这本《财与你相遇》。

一如十月怀胎，我几乎玩儿起失踪。约摸一年的时间，除正常采访工作及必要应酬外，整个人每天都在重复着敲击键盘的单调动作，甚至换了部板儿砖大小的手机，随时随地将飞舞的思绪腾挪指尖。现在看来，竟有一半以上的内容都是用手机敲打出来的，可见那些不起眼的零散时间一旦集结是多么让人吃惊。细细想来，理财又何尝不是如此呢？

坦白讲，以情感小说的形式白话理财，起初我是忐忑的，毕竟这“前无古人”的创新能否被大众接受并认可尚属未知。然而随着写作的深入，我竟愈发收不住笔，以至被情节感动，被情绪牵引。

直至完稿那一刻，才倏忽间发现，人这一生摆脱不了情感的羁绊，不论亲情友情爱情，当你得到它们的时候，也便意味着未来某天必要承载那份别离之痛。但，财富不同于情感，只要理财得当，获取并非意味失去，也许还是集腋成裘的开始。

特别鸣谢著名摄影师曹珩及其涩谷摄影团队对本书封面的拍摄。
至此无须赘言，只冲泡杯清饮给心放个假，沉浸到情感理财故事的世界，找寻那份属于你的感动。

王诗文

书于 春暖花开

目录

第一篇　光棍们的烦恼

第二篇　小夫妻的忧心

第三篇　中年夹心人的愁苦

第四篇　白发族的困惑

第一篇　光棍们的烦恼

女光棍为悦己者容，男光棍为悦己者穷。物质世界里，想尽早“脱单”，靠“缘分”太虚，靠“来电”太难，唯一能靠的只有——钱。可每当面对微薄的工资与庞大的开销，留给他们的岂一个愁字了得？如何在“入不敷出”的窘境中活出精彩，尽早摆脱“月光”，成为这群人最迫切的愿望。

刚工作就陷入“负债”

华灯初上，晚高峰的京城地铁人流如梭，密不透风。

贾乐拖着疲惫的身体，疾走在黑压压的人群中，面无表情。尽管周末将至，但他却丝毫提不起兴致。研究生毕业后来京工作已一年半，非但事业不见起色，女友也告吹在即。强烈的挫败感就这样驱散了昔日的美好憧憬。对于未来，贾乐除了迷茫，别无其他。

一路换乘，一路拥挤，扭开家门那一刻，时针已指向八点。简单叫了份外卖，整个人便习惯性地瘫躺在床上，懒得再挪一步。

这，只是贾乐 365 天里的一个缩影。如此不由己的北漂打拼生活，于他来说，早已成为生命的常态。

贾乐清楚地记得离家赴京的那个清晨，所到火车站里两个陌生年轻人的对话：如果你想尽快体味人生百态，北漂是最好的选择；但如果你想攒钱置业，离开或许是一种拯救。你可以随便拉过来一个北漂族，问问他们从工作到现在到底攒了多少钱。

想到“钱”字，贾乐不禁吐了句脏话。因为就在临下班前，房东还在催缴租金。无奈下，他只得再一次给母亲打电话拆借。可以说，从上大学起，自己便已是家里最大的开销，父母省吃俭用只为盼儿成才，但眼瞅着他们在期盼中一天天老去，贾乐却依然过着“自身难保”的生活。

入夜，伴着汪峰的一曲《北京北京》，他沉沉睡去。

“贾乐，男，27 岁，未婚，武汉大学中文系研究生，现就职于北京某经贸公司，热爱文学，擅长公文写作、文件起草、文字编辑。本人踏实务实，具有一定的创新精神。渴望找到一份月收入在 10 000 元以上，有五险一金，能发挥自身优势的工作。以下附个人学历学位证书复印件及部分获奖作品。”

这是贾乐一个月前在招聘网站上投递的简历。虽说偶有企业主动抛来橄榄枝，但对方大都开出 3 个月试用期的条件，且这段时间工资只有 2500 元。考虑到每月房租就要消耗 3500 元，贸然辞职的结果只会导致更严重的“经济危机”。权衡之下，只得继续守株待兔，骑驴找马。

其实，贾乐的窘态生活但凡只身闯江湖的人都会经历，只是困苦的程度不同而已。就拿他们公司来说，60 多人里只有 3 个是北京土著不存在租房问题，若不铺张，每月至少能有 2000 元结余，虽不多，但至少能见到存款。相比之下，像贾乐一样的北漂客，则很难存下钱，甚至在高昂的房租和各项生活成本的压力下，刚工作就陷入负债。于是，很多人选择“积累经验—跳槽—积累人脉—再跳槽”的职场晋级路，只为早日减轻生活压力。曾与贾乐供职同公司的杰，就是个“晋级先锋”，北漂至今 6 年时间，先后换过 5 份工作，从最初的文案助理一路蜕变成某知名广告公司项目总监，薪水跟着轮番上涨。现如今的杰，不仅在四环置了业，娶了妻，更把老家父母接至北京颐养天年，可谓坐着火箭奔中产，羡煞旁人。

比起杰的幸运，贾乐黯然神伤。他多想能像杰一样，凭借自己的努力改变生活，扭转命运。可眼下，却只能继续这种“负债生活”，等待机遇。

游思之中，手机屏幕突然冒出一串陌生号码。

“喂，您好。”

“贾乐，我是杰，方便说话吗？”

听到是杰打来的电话，贾乐的大脑瞬间没反应过来。原来，杰所在的公司最近正筹备新项目，需要人手，又恰巧在网站上看到了贾乐的简历。出于对杰的崇拜，贾乐立马答应下午三点的见面。

杰比刚到北京时老了不少，但不论装扮还是气场都颇具成功范儿。就连说话的语气，也平添了份霸气与直接：“老同事，就不拐弯抹角了，你现在收入如何？”

每当别人问及收入时，贾乐都恨不得赶紧找个地缝儿钻进去。要知道，区区 4500 元的薪水再扣除 3500 元的房租后，根本无法维持个人基本生活。而攒钱买房，也就变得比登月还难。

“老实说，我很羡慕你，但比起羡慕，我更好奇你当初是如何逾越‘负债度日’阶段的呢？”贾乐眼里，满是渴求。

“老兄，你知道改变现状最不可或缺的是什么吗？”杰抿了口咖啡说道，“是一个懂得变通的大脑。就拿我来说，6 年前刚到北京闯荡时，我已经 30 岁，无论学历还是家庭条件都不如你。起初，工资收入在支付完房租后，只剩 400 元。你能想象得到，即使一日三餐只吃最便宜的泡面，搭乘最廉价的公交车，也还要借钱才能维持生计。无奈之下，我只得以每月 1000 元的租金价格换了间不足 10 平方米的地下室，节省下的房租起码能贴补日常开销。可这种治标不治本的方法并非长久之计，更何况我的理想是要在北京置业，混出个名堂。”

杰以过来人的身份，毫无保留地将自己的奋斗史和盘托出。

“节衣缩食的那段日子，我每月最大的开销便是房租和交通费，虽说单位有 200 元的交通补助，但比起每天跑客户的车马成本这些钱显得微不足道。当时在想，怎样才能将房租和交通费省下来改善生活或者理财呢？反复权衡后，我开始留意起各类公司的招聘信息，凡可提供免费食宿的企业都会作为优先考虑对象，哪怕待遇较同业其他公司略低。本着这样的原则，半年后我跳槽到了新公司，并由此摆脱了捉襟见肘的‘负债生活’，开始有了盈余。而再往后的跳槽，多半是像我对你这样，朋友间抛出橄榄枝”。

杰不愧为职场高手，神不知鬼不觉间，便将话题绕到此次见面的初衷上。

“我们项目部最近正在招文案策划，月基础收入在 3000 元，外加绩效 2000～4000 元不等。也就是说，扣除五险一金后，月均到手 6000 元左右。虽说压力大了点儿，却能让一个人迅速得到成长。而且，我们公司有员工宿舍，每月只收 800 元的床位费，你完全不用再担心房租问题。怎么样，考虑一下？”

面对突然从天而降的机会，心花怒放的贾乐第一时间应了下来。

犹如逃离古墓，贾乐只用了 3 天时间就办理完所有离职入职手续，成为杰团队里的一员。

本以为月收入提高了，房租下降了，月结余会跟着攀升。可孰料，新工作上任半年后，贾乐只是不再找家里拆借，却并未攒下钱。

钱都去哪了？

以当月消费为例，贾乐粗略回想了一下：

月收入 5700 元，扣除 800 元床位费，剩下 4900 元。一日三餐加夜宵月总计 3500 元，服装娱乐等消费 800 元，生活用品、网络通信和交通费共计 600 元。半年间，公司曾额外发过一笔 4000 元的年中奖励，但还没等捂热，就被贾乐拿去买了部三星手机。

为何攒钱如此难？为何信用卡里的欠款永远也还不清？

不只贾乐，公司不少单身男女都有着同样的烦恼。哪怕月收入过万，也依旧抱怨花钱容易、存钱难。于是，单身族们越来越恐惧婚姻，逃避责任，害怕小日子还未开始就已扣上“负债”的帽子。然而相比绝大多数人，杰却是例外中的例外。

某日饭间，贾乐按捺不住好奇，以取经式的口吻讨教。

“杰哥，一直想跟你八卦个私人问题。当年，在收入有限的条件下，你是怎么攒下钱的？又是如何把它们逐渐养肥的呢？”

“你小子真是问巧了！今天下午我朋友大文正好来公司找我，她可是‘理财医院’的‘主治医生’，专攻各类理财疑难杂症。想当年，你哥我就是因为大文的启发与引导，才一步步走上理财规划的正途。作为半个内行，我有必要提醒你，节流存钱是理财的开始，可这个过程就像减肥，需要意志力与坚持心，不可能今天开始，明天见效。以我个人观察，目前咱们公司绝大多数单身永远也不可能存下钱，包括你。”

“怎么讲？”贾乐很诧异。

“因为你们连最起码的记账习惯都没有。”

“记账？这还不容易，不就是将每笔开销记录下来，方便日后查阅吗？”在贾乐眼里，记账这种老得掉渣的传统方式，只在计划经济时代盛行，如今的市场经济下，谁还会在乎一毛钱的去处。

“如果每一分钱都花得稀里糊涂不明不白，那么你永远也弄不清自己的收支情况、消费习惯和资产负债状况。相反，当你明确计算并记录下每月的必要与非必要支出后，才能通过详细的预算，调整目前的经济现状。”见贾乐不屑，杰恨不得一口气掏出所有可能说服他的理由，却未料把对方说得更迷乱。终了，来了句，“还是一会儿让大文给你好好上一课吧。小子，你得恶补！”

与大文对坐下来详聊时，已傍晚。

贾乐不等寒暄，便直奔主题。

“毕业至今，这是我的第二份工作。比起之前，收入确实提高了一些，可我依然存不下任何钱，甚至每月还要透支几百元信用卡。坦白讲，以我目前的经济条件，根本不敢交女朋友，更不敢妄想结婚。所以，我想请您帮帮我，扭转目前的收支窘状。”

“你现在的情况和几年前的杰很像，都是收入有限，想及早摆脱负债，实现人生价值的小白领。”大文停顿片刻，若有所思，“我愿意提供帮助，但前提是，你要一直按我说的做并严格执行。”

贾乐笃定地点着头，眼神虔诚。

“发薪日是每月几号？”

“每月 15 日。”

“把手机给我。”

丈二和尚摸不着头脑的贾乐疑惑地将三星手机递给大文，心中满是问号。

简单设置后，大文指着屏幕说道，“我给你下载了一款记账软件，每晚 22 点手机闹钟会提示你‘记账时间到了’。你的记账周期是当月 15 日零时至下月 15 日零时。至于怎么记，我给你举个例子。比如，你这个月支出了 3 个月的床位费 2400 元，那么就记 2400 元，而不用记 800 元，并记录在“必要支出”项下。而如果你心血来潮花 400 元买了条新款牛仔裤，或在攀比心的唆使下购置新手机，则要记录在‘非必要支出’条目下。如果当月超额了，必须备注原因。总之，在记账的初始阶段，你需要清楚地知道每一笔钱的流向，并在每个记账周期的最后一天进行收支分析，找出不合理开支或可有可无开支，至次月进行改进。”

“也就是说，在记账过程中，要对‘必要支出’与‘非必要支出’进行划分，可诸如给同事的结婚礼金、领导生日礼物等开销又该归属在哪项里呢？”

“完全可以都放在‘非必要支出’项下，并括号备注‘人情往来’。其实，目前很多记账软件比记账者想得还周全。比如，你在单纯记录数据的同时，可以拍下现场情景，帮助回忆这次消费。或者，当你忙得顾不上输入时，还可以语音进行记账，并利用定位功能添加消费地的详细资料。后期在进行数据整理时，软件会自动将各项报表以饼状图、柱状图和列表的形式呈现，让记账变得更加直观。依我看，少花些时间玩游戏、上微信，多花点心思理清收支账目，财务状况才会越来越健康。何况，比起过去没有网络的手写记账年代，如今的记账过程早已变得简单富有娱乐性。”

见贾乐欲言又止，大文一下看穿了他的心思，“你一定想问，只靠记账就能实现收支平衡甚至有钱可理吗？”

贾乐使劲点头的同时，大文会意地微笑着，缓缓道，“假设有两桶水，其上各有一个旋钮用于取水。一只桶是透明的，可以随时看到桶里还剩多少水；而另一只桶是黑色的，你永远不清楚水位在哪。然后规定，每月只定量给你一桶水使用。那么，你会选择用哪个颜色的桶盛放？”

“当然用透明的了，不然我怎么控制每天的用水量呢？”贾乐不假思索。

“其实，**你每月的收入就像桶里的水，如果随心所欲毫无计划地花，就犹如那只黑色的桶，很可能没到月末就用光了**。**而记账则像一只透明的桶，你能随时看到水位，做到心中有数**。这样一来，为保证水可以用到当月的最后一天，你会时刻观察剩余水位，并控制每次的使用量，甚至开始未雨绸缪地用其他闲置罐子储存一些水，以备不时之需。显然，记账就是使收入与支出变透明，最终达到平衡化的过程。在此过程中，你需要一点点自我强迫，力求每笔开支都用在刀刃上。尽管记账本身并不能让人实现富有，但它却能培养一个人受益终生的理财观念。就像杰……”

大文的话突然止于贾乐的手机短信声中。

“招行信用卡又快到还款日了，这是我最烦接到的短信”。贾乐的声音瞬间变低沉。

“很多年轻小白领抱怨钱不够花，抱怨刚工作就陷入负债，归根结底原因都在自己。如果你真想改变现状，建议你不到万不得已时别再使用信用卡。因为‘一刷一签’中，虽丝毫不会影响当月生活，但欠债还钱天经地义，如果你在下月还款日前没有按期还款，就会产生罚息，而倘若接连数月还不清欠款，更会被列入人民银行个人征信系统黑名单，进而影响你未来贷款购房，甚至求学、就业及出国，而这一切并不能通过销卡解决问题。所以，在日常消费过程中，除非刷卡确实有折扣，否则尽量用现金。至于刷卡产生的金额，统一记入当月账目中，并从总收入中预留出来。”

“不瞒您说，我的另一张广发信用卡也背着欠款了。”

“你一共几张透支卡？”大文追问。

“就这两张。我们同事都有三四张信用卡，最多的有六张。今天这张卡消费打 5 折，明天另一张卡购物买一赠一。反正大家办卡的目的就是为了尽可能降低消费成本，而且还有开卡礼品相赠。”贾乐说得头头是道。

“正常情况下，一个人持有信用卡的数量应控制在 3 张以下，

1～2 张最适宜。依你目前的情况，1 张信用卡就可以了，否则就是金融浪费。要知道，当你同时持有多张信用卡时，会不自觉地关注每张卡的优惠信息，无形中增加了消费冲动，而且很容易混淆还款日，造成不必要的利息损失。我接触过不少‘负债族’，罪魁祸首都是因盲目办卡、盲目刷卡而陷入资金的恶性循环，往往当月薪水在还清上月欠款后只能靠透支维持生活。”

“那遇到这种情况，是否可以用‘最低还款额’进行还款呢？”贾乐心存侥幸。

“轻易不要使用！”大文刻意放慢语速，“很多人在看到对账单上‘最低还款额’一栏，就误以为是银行提供的‘免息’优惠。事实上，‘最低还款额’是为那些无力全额归还信用卡的人准备的，一旦按照最低还款额还款，也就动用了信用卡的‘循环信用’，银行将针对所有欠款从记账日起征收利息。这在银行的信用卡章程中都有明确规定：持卡人选择最低还款额的还款方式或超过发卡机构批准的信用额度用卡时，不再享受免息还款期待遇，应支付未偿还部分自银行记账日起按规定利率计付透支利息。持卡人支取现金不享受免息还款期和最低还款额待遇，应当自银行记账日起，按规定利率计付透支利息。总而言之，要么就全额还款，要么就控制透支数额，因为银行永远比你聪明。”

贾乐倒吸了口气，因为他差一点就将两张卡都选择“最低还款额”方式，好在及时知道了“真相”。

意犹未尽之余，天已逐渐暗沉。

贾乐在与最后一个加班的同事相互道别后，才结束了这堂临时安排的“理财课”，并诚恳地索要了大文的联络方式。

此后几个月，贾乐严格按照大文的提议，将记账一事很自然地融入生活。尽管最初也曾有过不习惯，但渐渐地，他发现当一个人开始学会管理资金时，生活也随之变得规律起来。

比如，以前每当同事朋友聚会，但凡有空他都必到，时常High 到很晚，然后回家继续夜宵。且不说作息不规律影响健康，单看整晚的花销，即使 AA 制也要两三百元。而记账后，他渐渐明白，如果每天都节省一些“非必要”开销，一个月下来就能省下上千元。再比如，曾经的贾乐几乎早中晚都靠外卖解决吃喝问题，可自打记账后，他开始尝试着学做饭，不仅大大缩减了日常生活中的“必要开销”，而且更从中体味到前所未有的乐趣，周遭不少朋友也因此给他扣上了“国民女婿”的帽子。

就在实施记账后的第三个月，贾乐惊讶地发现，短短 3 个月的不懈坚持，就已在不知不觉中存下近 3000 元。

“时间就像海绵里的水，只要肯挤，总还是有的。存钱亦如此，只要你持之以恒地记账，有计划地支配每一笔钱，就能尽早摆脱负债，实现有财可理。我的记账路还在继续，希望你也能成为‘账客族’中的一员。”这是贾乐发在微信圈里的一条分享。只短短十分钟就有 40 多位好友点赞并取经。平凡的记账生活还在日复一日地上演，而贾乐却在这份平淡中养成了良好的理财习惯，并进一步强化了独立生活的能力及对事物的统筹规划能力。

后来的后来，当贾乐再次坐在大文面前时，已是一家新公司的总监助理，月薪破万，聊天的话题亦从“如何实现收支平衡”转为“7万元储蓄款如何理财最稳妥”。然而，尽管工作换了，收入高了，储蓄多了，但曾经的记账习惯却依旧保持着，没有落过一天。

【财人新计】

没有一个良好的理财习惯，即使拥有博士学位，也难以摆脱贫穷。而记账，恰恰是培养理财习惯的开始。此所谓“开源、节流两手抓”。

说到记账，似乎常会被一些80、90后耻笑为“寒酸”、“瞎耽误工夫”，但你千万别因此而人云亦云地轻视记账，因为只有清晰记录下每天的资金流向，才能真正找出存不下钱的症结。事实上，记账并非如某些人想象得那般枯燥，尤其在这个被3G、4G覆盖的网络时代，你完全可以借助手机、电脑、iPad随时随地定格每笔钱的去向，更何况眼下各类记账软件五花八门，能在很大程度上点燃记账兴趣。但假使你不愿意借助这些现成的工具，也可以利用手机日历的备忘录，或电脑上的Excel表格来DIY账单，然后注册一个“某某记账生活”的个人博客，将每天的账目上传，以防资料丢失。而在记录方式上，大文特别推荐两款分性别的表格记账模板，记账者可酌情选用，如下所示。

表格一：准高富帅的记账日志

<table>
<tr><td colspan="4">（记账周期：2014年3月1日—3月31日）
账单日：3月1日</td></tr>
<tr><td rowspan="3">总收入
（金额：______）</td><td colspan="3">1. 工资：</td></tr>
<tr><td colspan="3">2. 奖金：</td></tr>
<tr><td colspan="3">3. 兼职及其他：</td></tr>
<tr><td rowspan="12">总支出
（金额：______）

1. 现金：

2. 信用卡还款：</td><td colspan="2">必要支出</td><td>非必要支出</td></tr>
<tr><td colspan="2">1. 房租：</td><td>1. 烟酒：</td></tr>
<tr><td colspan="2">2. 通信、网络及交通费：</td><td>2. 服装鞋帽：</td></tr>
<tr><td colspan="2">3. 生活用品：</td><td>3. 应酬及约会：</td></tr>
<tr><td colspan="2">4. 一日三餐：</td><td>4. 运动健身：</td></tr>
<tr><td>3月1日</td><td>早餐：
午餐：
晚餐：
夜宵或加餐：</td><td>5. 网络购物：</td></tr>
<tr><td colspan="2">5. 人情往来：</td><td>6. 旅行郊游：</td></tr>
<tr><td colspan="2">6. 充电进修：</td><td rowspan="2">7. 其他：</td></tr>
<tr><td colspan="2">7. 突发情况及其他
（如就医、修理费）：</td></tr>
<tr><td colspan="2">合计：</td><td>合计：</td></tr>
</table>

表格二：月光女神的“脱光”账本

<table>
<tr><td colspan="4">（记账周期：2014 年 3 月 25 日—4 月 25 日）
账单日：3 月 25 日</td></tr>
<tr><td rowspan="3">总收入
（金额：________）</td><td colspan="3">1．工资：</td></tr>
<tr><td colspan="3">2．奖金：</td></tr>
<tr><td colspan="3">3．兼职及其他：</td></tr>
<tr><td rowspan="13">总支出
（金额：_______）

1、现金：

2、信用卡还款：</td><td colspan="2">必要支出</td><td>非必要支出</td></tr>
<tr><td colspan="2">1．房租：</td><td>1．化妆品：</td></tr>
<tr><td colspan="2">2．通信、网络及交通费：</td><td>2．美容美发美甲：</td></tr>
<tr><td colspan="2">3．生活用品：</td><td>3．服装鞋帽：</td></tr>
<tr><td colspan="2">4．一日三餐：</td><td>4．聚会派对：</td></tr>
<tr><td rowspan="3">3 月 25 日</td><td>早餐：
午餐：</td><td>5．网络购物：</td></tr>
<tr><td>晚餐：</td><td>6．家居装饰：</td></tr>
<tr><td>夜宵或加餐：</td><td>7．保健品：</td></tr>
<tr><td colspan="2">5．人情往来：</td><td>8．奢侈品：</td></tr>
<tr><td colspan="2" rowspan="2">6．充电进修：</td><td>9．项链手链耳钉：</td></tr>
<tr><td>10．旅行郊游：</td></tr>
<tr><td colspan="2">7．突发情况及其他
（如就医、修理费）：</td><td>11．其他：</td></tr>
<tr><td colspan="2">合计：</td><td>合计：</td></tr>
</table>

需要啰嗦的是，在设置记账周期时，最好将每月的发薪日作为起始日；在记账过程中，同一笔支出谨防重复记录，譬如

在淘宝网上购置了一条连衣裙，只需要记在“网络购物”项下，而不用再计入“服装鞋帽”；“人情往来”账目，对于收到的礼金应记录在总收入项下的“兼职及其他”账目，如果收到的是礼品，也要如实记录，并将估算的价格进行备注标明；而到了每个记账周期的最后一天，除了加总所有开销金额外，务必进行总结，以统计出哪些消费项目可在次月减免，如此往复下去，你一定可以摆脱负债。最后，大文提醒记账者，不妨将手机屏幕或电脑桌面设置成“今天你记账了吗”或“嘿，不想负债就赶紧记账”等提示或鞭策性语句，要知道，记账永远少不了三大条件，即坚持、再坚持、继续坚持。

永远做“抠抠族”不现实

即便在微信微博纵横的今天，也仍有人习惯着过去的习惯——用博客记录生活、分享感悟。戴筱米就是之一。

戴筱米生日那天心血来潮，自撰了篇《“抠抠女”的呐喊》，聊以纪念自己26岁的后青春时代：

我，申城“抠女”一枚，表面白领，实则“无领”。长相介于“偶像”和“呕像”之间，活在堪称“衰老分水岭”的25岁。人生虽不存大志向，却怀揣小追求。不奢望左手LV右手爱马仕的大富大贵，只希望不用算计着过生活。

有人说，我完全遗传了我娘勤俭持家的美德，懂得如何将每张钞票用到极致，通俗讲就是“一分钱掰两半儿花”。初听此语，还曾窃喜，后来每每思忖，越发觉得话里有话，甚至透着讽刺。我只能说，“夸”我这人“饱汉子不知饿汉子饥”，若每月给她5000元，流放大上海打拼，两年后能否像我一样存活下来都是未知。所以，奉劝那些标榜“大方”的人千万不要妄自评论他人“抠门儿”。

说到“抠儿”，我并不觉丢人。至少工作后，本人就终结了手心朝上的生活。即使最窘困的日子，也节衣缩食挺了过来。身边收入相当的朋友，皆感讶异，要知道5000元只够这些人大半月花销，且不说存款，能顺利堵上透支不给信用留污点就谢天谢地。而我，非但不会负债，反而月末还能剩个二三百元，似乎也算个骄傲资本吧。可话又说回来，鱼和熊掌终归只能兼顾其一，抠门儿节省的同时也就意味着日常享受大打折扣。比如，外出时，我一直都是公共交通的支持者；吃饭时，我始终主张自己动手、拒绝浪费；臭美时，我除了蹭团购就是买地摊，并坚持最好的化妆品非“多喝水不熬夜”莫属。再比如，别人郊游我“宅”着；别人聚会我躲着；别人恋爱我看着；别人炫耀我忍着。实在按捺不住时，偶尔还会贯彻下阿Q他老人家传承的精神：没胸、没钱、没魅力，不当“女神”，当个“女汉子”起码也算赶时髦了，至少你不能说我落伍！

写至此，忽有种莫名的酸楚涌上鼻尖，于是强忍着跑进卫生间。凝望着镜中稍微模糊的自己，我哭了。的确，在这个不大不小的年纪，赚着不上不下的工资，有份不好不坏的工作，憧憬着不惊不喜的未来，身在灯红酒绿的大上海，却过着20世纪50、60年代的“抠门儿生活”。这就是我。

敲下这篇博文只为祭奠自己即要逝去的25岁。

谢谢观看。

未料想，博文发出后的数小时里，评论栏中竟挤满了博友们的共鸣：

- 有人慨叹，随着物价悄然上涨，财富购买力逐年下降是不争的事实。
- 有人应和，抠门儿的人不一定就是守财奴，精打细算只是为了锁定消费重点，更好地配置有限的金钱。
- 有人支招，既然无力阻止金钱缩水的脚步，那么一味抱怨还不如想方设法让钱“值钱”，利用拼房、拼车、拼吃、拼衣，“拼”出自己的小生活。

- 还有人"愤青"，谁的青春不迷茫，谁不想花钱如流水，谁又不向往财富自由，可追梦路上的我们，怎可能奢侈度日？暂时的抠门儿，或许是未来幸福的更好蓄力。

几乎每条评论都说进筱米心里，她霎时感到自己"不是一个人在战斗"。因为城市的一隅，无数年轻人为站稳脚跟，正如她一样过着清苦的"抠门儿生活"，甚至有位北京博友私信她诉衷肠，称自己为攒钱每天只吃一顿饭，拒绝恋爱、交友等一切应酬，衣服只要能穿决不添新的，上下班坚持绿色"11"路。就这样，半年下来既实现了减肥目标，又足足存了近 3 万元，可孰料最近单位查体，意外被诊断患上严重胃炎，这对即要"破财"的他来说内心之痛不言而喻。看到这儿，筱米双手合十暗暗祈祷，祈祷这位博友，更祈祷自己一切顺遂。然而，就在祈祷后的两个钟头里，一个突然降临的消息打破了筱米内心的平静。

筱米的朋友思琪和童炎决定离开上海，一个回老家，一个被单位调往北京。这意味着，筱米若不及时找到新的"拼租客"，下月房租就要全权担负。

三个人围坐桌前，各怀心事，痴愣着一言不发。

思琪望向窗外，想尽可能多地看看这个承载着她的青春与回忆的城市，混迹上海 8 年有余，终以"告老还乡"、嫁人生子终止了追梦路。即使老家的那个男人她不爱，即使内心深处依旧留恋着上海的一切，也不得不面对看不到未来的当下，因为永远做"抠抠族"不现实。

坐在她旁边的童炎，此刻一脸无奈地搅拌着眼前的白开水——无滋无味，却毫不停歇地转动翻滚，恰如她索然寡味的生活，平淡而奔波着。其实，于她来说，不论是身处上海还是调至北京，都注定是个漂泊者，除非像思琪一样，毅然放弃梦想。可反复纠结过后，终究还是不忍，为自己、更为家人生活得幸福。筱米曾不止一次看到童炎将辛苦攒下的钱寄往西安老家，只为减轻父母为弟弟治病的压力。她的"抠门儿"，让人读出的是责任与担当。

在这间两室一厅的公寓房里，筱米数不清换过多少"拼租客"，最短的一个月，最长的两年。聊得来的，彼此成为朋友；聊不来的，便不再有交集。思琪和童炎固然属于前者。三个人从拼租那天起，就一直互相鼓励，过着"能省则省"的日子，不论谁遇到困难，另外两个总是想尽办法施以援手。可如今，昔日拼租、拼吃、拼穿的好姊妹即要各自踏上新征程，不免让人心酸。而更令筱米惆怅的是，接下来的一个月，她又要开始紧锣密鼓地寻觅新"拼客"，否则，骤然增加的开销将一口气吞噬掉咬牙攒下的数千元存款。

"人活一世不容易，何苦这么为难自己？直到最近我才想明白，女人趁着还年轻，抓紧嫁人，别再苦苦'抠儿'下去。"思琪的感慨瞬时戳中了童炎一直假装坚强的心。

"如果当初不是为了他才留下来，也许我不会这么辛苦。"童炎的前男友是上海人，大学毕业后因为爱情，她没有选择回西安。毕竟茫茫人海不是谁都能有幸遇到真爱，可本想着在上海安家立业，男友却"劈腿"。如今，童炎没再恋爱，只想靠自己的努力打拼出一片天，虽然辛苦，却落得踏实。

筱米只笑笑，不接话。因为她既觉得思琪的“现实想法”有道理，又赞同童炎“女人要独立”的观点。毕竟好的婚姻固然能让女人不再为钱而愁，却可遇不可求，即使碰巧撞上了，也难保“财”子佳人能与子偕老。所以，面对充满变数的下一刻，能把握的只有自己。

整整一个晚上，筱米的耳畔始终回荡着思琪的那句“永远做‘抠抠族’不现实”。可如何才能找到“特效药”？ 筱米为此失眠了。

此后的三天时间，筱米先后送走了思琪和童炎。紧接着，压力陡然增加。尽管“招拼租人”的小广告撒网式张贴出去，但前来看房的几个女孩，有的要求携男友同住，有的言谈举止风尘气过重，有的像买衣服一样狠命杀价，还有的则嫌弃房间拥挤朝向不好，皆无法合乎筱米的标准。

她不由感叹：如今找个拼租的，比找对象还难，一点也不能将就。个性太开放的，怕引狼入室；太爱占便宜的，怕给财产安全带来隐患；太挑挑拣拣、婆婆妈妈的，又怕日后三天两头拌嘴吵架。于是，日子过着过着就到了月底，钱花着花着就薄成了刀片。逼得筱米只能挪用有限的私人存款，堵住“包租婆”没完没了的催促。但下个月咋办？筱米不敢继续往下想，越想越是辛酸泪。

同住一个屋檐下，共担一笔租赁金，需要莫大的缘分。至少我这么认为。老实讲，如果不是走投无路，我压根儿就不想网络寻人，因为风险实在太大。既然如此，我必须做出如下声明：

首先，你也如我一般，是个工作生活在上海的外乡单身女，思想健康，性格乖巧，无吸烟、饮酒、赌博等不良嗜好，无夜游、夜猫、沉迷游戏等不健康生活习惯，此外最好还能有自己的信仰。其次，目前工作稳定但收入有限，想与他人AA制共同担负房租、煤气、水电，甚至是一日两餐的花销。第三，若决定合租，租期至少一年以上，除非中途遭遇突发事件，否则须支付违约金（相当于一个月房租4000元）。第四，闲置的两间卧室均为12平方米，并配有基本生活设施，但如果你喜欢奢华，看到此还请立即关闭网页。第五，符合上述条件的合租者能保证下月中旬前入住，并向发起人及时支付房租。

我会在电脑屏幕前，等待着有缘的你！

戴筱米

斟酌再三，筱米还是按下了发送键。因为网络即便虚幻，也要比小广告的辐射面广。

果不其然，要求线下看房并主动提交身份证明的博友一天之中就有10多个。不但求租者络绎不绝，甚至还意外收到了一封私信，令其开怀不已。

发信人叫大文，是某理财医院"主治医生"，之所以愿在百忙之中给素未谋面的筱米提供帮助，全因看中了其文采。似乎在大文看来，筱米完全可以尽快摆脱"抠门儿生活"。两个人就这样互留了联系方式并加了微信。

一个月后，借由到北京出差的机会，筱米邀大文在一家法式西餐厅见面。大文不知道，为请她吃这顿大餐，筱米在刚刚过去的一周里，每天都与酸辣土豆丝为伴。

“你比我想象中更外向，更聪明。可你的思想为何如此禁锢？”

等餐的间隙，本想寒暄几句的筱米被大文直截了当的发问噎了回去。

“怎么讲？您觉得我禁锢吗？”筱米满脸不解。

“这么说吧，理财是门‘开源节流’的艺术，可你只做到了‘节流’，却不懂得‘开源’。不只你，几乎所有‘抠抠族’都存在同样的问题——将目光盯在省钱上，而忘记努力生钱，拓展赚钱途径。所以，你的思想一直是被束缚的。”大文直击症结。

“可您知道，每天朝八晚五、偶尔加班的工作已经挤占了我大部分时间，再者说，即使有精力去做另一份工作，也没有任何一家企业愿意招个一心二用的兼职工啊。”筱米的回答早在大文预料之中。因为她接触的很多年轻人之所以永远摆脱不了贫困，并非因为专业性不强、能力不够，而是不懂变通，且习惯沉溺在各种理由中。

“抛开企业公开招聘不谈，难道你就没考虑过工作八小时以外主动找些特约撰稿或文案策划类的‘计件工作’吗？说白了，就是把写博客的时间用来赚外快。”

“可我不是中文专业出身，也没有这方面的工作经验，能行吗？”

这次大文没有直接回应筱米，而是讲起了自己的故事。

“十年前的我，如你一样，只身漂泊他乡，过着尚能勉强糊口的生活，精心计划着每一笔钱，不敢有半点浪费。可我又与你不同，因为我清楚，人一旦适应并习惯了某种生活方式，久而久之个人气场与潜在能量也会随之发生改变，所以我开始四处找兼职，一来为拓宽财路，二来则是为积累人脉，锻炼自己各方面的能力。那时，本职工作是银行职员，但兼职身份却五花八门，有儿童英语教师、杂志撰稿人、小说翻译，也有商务主持、社区促销员、网店客服。当然，这些兼职并非是同一时间做的。”

“您真的很厉害，不仅不会影响日常工作，还如此全能地进行着各种‘开源’。”筱米流露出既羡慕又无奈的表情。

“其实，我也并非你想象得那么神奇。”大文切了块牛扒放进嘴里，“实话讲，在做这些兼职前，我根本就没涉猎过任何一个行业，基本都是边做边学，边学边积累。如果你想等到一切准备充分时再去找，机会早已经成就了别人的成功。知道吗，年轻就是财富，每个人都有自己的个性特点与爱好特长。比如你，文采飞扬，文风又很独特，喜欢借由文字抒发情感、宣泄不快，假如每天将写博客的时间用来给杂志投稿，既不影响工作，还能赚稿费，一举两得。记得我当时给理财刊物写稿，最多的时候一个月就攒了 1 万多元钱。又比如，假设你的本职工作时刻与电脑相伴，还可考虑做些互联网方面的兼职，譬如网站论坛编辑、淘宝网店客服等。再比如，还可以结合专业做些**‘关联兼职’**，我身边不少朋友都如此，学广告设计的兼职做摄影师、学数学的兼职做家教辅导、学营销的兼职在其他公司做客户经理。总之，只有想不到的，没有做不了的。”

“这么说，我可以试着联系一些杂志投稿。”筱米在大文的启发下，渐渐开窍，“有个高中同学现正就职于北京一家知名期刊，我先抄近路问问她。”已然心动的筱米边说边翻看起手机的通讯录。

“你这个申城‘抠女’终于要迈出**脱离‘抠抠族’的第一步——广开财源了，利用兼职撑大蓄水池的进水口**。不过我得提醒你，不能因为有了兼职就轻视了本职工作，错过了属于自己的机会。该出手时当仁不让，能多争取一方舞台，就能在未来先他人晋升。之前有位客户，尽管在我的建议下利用兼职增加了收入，可惜三个月后不幸被单位‘炒了鱿鱼’，顾此失彼。没有了资金来源的大后方，再多的兼职也只是一时的雪中送炭，如不尽快找到一份提供五险一金的正式工作，将随时面临生计问题。举这个例子是想告诉你，**脱离‘抠抠族’的第二步是——保证‘底资’，即全职工作稳中有升，力求蓄水池进水口在被撑大后不回缩塌陷**。”

筱米的味蕾全然不觉黑椒酱的浓郁，她只是不住地点头，跟着大文的思路延展。

“当你的兼职收入不断膨胀，月结余开始成倍增加后，依然要控制好消费，并合理支配存款，这又涉及**脱离‘抠抠族’的第三步——让存款与你同成长，慢慢提高蓄水池的水位**。建议你在存款金额有限的初始阶段，比如 1 万元以下，不妨将这笔钱放入余额宝，即使眼下‘宝宝’收益低于问世之初，也要比活期储蓄高很多。这样慢慢积累下来，待你的钱袋子某天超过了 1 万元，便可选择和好友‘拼理财’，即共同‘出资’以凑够银行理财产品的 5 万元门槛，至产品到期后再按比例分收益。比如，甲投入了 1 万元，乙丙各投入了两万元，买了款一年期产品，到期之后甲乙丙分别得到总收益的 20%、40%、40%。而在该款理财产品运作过程中，三人若各自又积攒了一定金额的存款，还可按上述方法理财。如果金额不够，再拉进第四人。但需要说明，这种**‘拼理财’的方式务必注意两点：其一，‘合资人’必须是相互信赖的朋友，财富性格趋同，皆本着攒钱理财这一共同目的；其二，每位‘合资人’必须预留出日常生活紧急备用金，以解燃眉之急，一旦与朋友合资购买理财产品就不能中途赎回。几个人不妨根据具体情况，拟定书面协议，有条件的话还可进行公证。**”

随着大文的语调起伏，筱米快速筛选着适合“拼理财”的人选，童炎第一个“入围”。但随之一个巨大的问号蹿了出来，令其不得不打断大文，“如果‘合资人’不在同一个城市怎么办？”

“尽量还是避免这种情况，除非你们充分信任。另外，理财产品合同署谁的名字，需要所有‘合资人’协商来定，通常谁出资多谁牵头。事实上，‘拼理财’仅适用于个人财富积累不足 5 万元的理财初始阶段。一旦超过 5 万元，你也就拥有了独自购买线下理财产品的‘通行证’。”

大文将盘里最后一粒玉米送入口中，又嘬净了眼前的柠檬汁。

“事实上，眼下越来越多的银行和投资公司都推出了起步金额只一两万元的互联网低风险理财产品，暂时不能进行线下‘拼理财’时，可考虑购买这类产品。但是，我不建议以后钱多了就 10 万、20 万地往里投，毕竟控制风险还是第一位的。总之，摆脱‘抠门儿生活’需要一成不变地坚持，需要永不停歇地兼职，而不要‘三天打鱼两天晒网’。趁着年轻苦一点、累一点，以后才能过得轻松惬意。再说，谁都是从青春过来的，谁都有过‘抠门儿期’，只要肯付出、知努力，定能收获财富与成功。对了，如果你愿意，可以兼职给我整理稿件，费用绝不比杂志投稿低。”

大文借去洗手间的空隙，偷偷买了单。因为她特别理解筱米当下的生活状态，就像曾经的自己，从不敢进高档餐厅。好在，一切都已成为历史。

半个月后的某天中午，大文偶然翻看筱米的博客，多了篇题为《感谢》的短文：

别人感谢 CCTV，感谢 MTV，感谢幕后团队。而我，

感谢互联网，因为它让我找到了有缘的合租者；

感谢那顿饭，不只奢华美味更让我转变了思想；

感谢大文姐，无私地教我一步步走出水深火热；

感谢我自己，顶风也毅然前行追求想要的生活。

加油，戴筱米！

【财人新计】

有人觉得，在财富积累甚少的人生起步期，会省钱方可攒住钱，而大文却不敢苟同。

省钱虽重要，但重要不过赚钱。只靠省吃俭用积攒有限的工资，根本赶不上物价上涨的速度，更何况一旦发生突发事件，极易导致资金链粉碎性断裂，本以为攒住的钱就这样堵了窟窿，结果瞬间灰飞烟灭。所以，永远做“抠抠族”不现实。你需要尽快实施“三步走战略”。

第一步——广开财源，利用兼职撑大蓄水池进水口。

建议“抠抠族”们在找寻兼职工作时遵从以下三点考虑：一是时间不冲突，二是精力可胜任，三是迎合个人专长。具体说，要分清主次，尽可能占用工作八小时以外的纯业余时间，但不提倡牺牲大量休息时间，兼多职熬夜。尽量在保证精力的同时平衡协调好，不给自己过多压力。此外，兼职工作的选择应避免自己不熟悉、不擅长、不喜欢的领域，即使薪水诱人，也别贸然尝试，否则因此影响了本职工作得不偿失。

第二步——保证“底资”，即全职工作稳中有升，力求蓄水池进水口在被撑大后不回缩垮塌。

建议那些正在或即将利用兼职达到“开源”目的的“抠抠族”，务必将本职工作放在兼职之上，切莫颠倒了位置。因为只有本职工作得到保证，兼职才能起到必要作用。一个因为“一心两用”而丢工作的人，还不如老老实实混职场挣“钱途”。

第三步——让存款与你同成长，慢慢提高蓄水池的水位。

摆脱“抠抠族”的生活状态还在于如何将赚来的钱像雪球一样越滚越大，故选择理财方式及怎么理是关键。建议秉承两条思路：第一，风险放在第一位，哪怕收益不高，只要兑现保本即可；第二，资金不够先“拼”着理，由小积大不怕慢。

其实，走出“抠门儿生活”拒做“高老头”一点都不难，但对于那些妄想不劳而获、坐享其成的人，或许也只是这样的宿命了。

房子媳妇就是婚姻中的“筷子兄弟”

这一天是钱一凡和钱柳阳相识两周年的日子，也是钱一凡认为最适合说出真相的日子。

他确实不得已，因为前三段感情皆败于坦白。恋爱半年是关系最易土崩瓦解的折点，他一五一十交代了自己买不起婚房将选择裸婚的现实。于是女友们无一例外地忍痛割爱另寻他缘。身边几个死党骂他傻不懂迂回，并不止一次警告他，现如今媳妇和房子就像筷子，少了哪支都吃不成婚姻这碗饭。除非感情到了难舍难分的程度。

可这又如何界定呢？

一个“泡妞”经验丰富的兄弟私下传授“恋爱秘笈”时告诉他，人与人之间的感情就像两块被羊肠线缝合在一起的肉，从支离到完整。时间越久，两片肉的融合度就越高，就越难分开。假使在外力作用下非将它们分开不可，彼此必会在撕心的拉扯中拽掉对方的肉，留下的伤痛远非出血这么简单。如果影射到男女交往，至少两年时间，女孩才不会轻易说分手。也就是说起码得交往两年再和女孩坦白裸婚一事，或许对方念在感情的份儿上可将就接受。于是乎，这“两年坦白论”便深深印刻在钱一凡那已被程式化的大脑里。

钱柳阳虽生性踏实非拜金之流，但也不代表对男方的物质条件没有任何要求。她的择偶底线很简单，就是要找个能买得起房子的男人，因为房子是家的载体。之所以恋爱至今从未问过钱一凡有无婚房，是因为怕男友质疑感情不纯粹。可嘴上不表并不说明钱柳阳心里没数。依她对钱一凡家庭条件的推断，父亲是国企会计，母亲在油漆公司人事科工作，家里起码能出得起几十万元的首付款，然后每月再还个数千元房贷，婚房根本不是问题。

可很多时候，越看似不是问题的问题偏偏越有问题。两个人南辕北辙地兀自以为一旦摊牌必将引发一场影响亲密度的争执。

还好。钱一凡与钱柳阳皆非能言善辩之人。所以在说出与得知的第一时间，俩人表现得都很从容，尽管心里已是波涛翻滚。于是，筹备憧憬多日的两周年纪念被浓缩简化成一顿尴尬的晚餐。

临别时，钱一凡犹豫良久还是忍不住说："别因为房子离开我，我是真的爱你。"

同样的话，他已表白过三次，虽面对的是不同的面孔，却最终经历了相同的结局。他祈祷这一次，会是例外。况且，他们连姓氏都一样，说明彼此的缘分很深，不是吗？

婚纱可租，因为它只穿一天，但房子要买，因为它得住一辈子。钱柳阳这样想着却避而不答，只在转身前轻吻了钱一凡的脸颊，带着他察觉不出的一丝忧郁。钱柳阳很清楚，没有婚房就相当于感情宣告终结，即使自己顾念旧情，也难过母亲的关。

在楼道转弯的窗口，钱柳阳瞥见路灯下的斜影。是的，钱一凡正驻足在光晕里，昏黄而模糊，一如记忆中的影像。于是停下，窥望那个影像，直到它被泪水浸没。

爱情与房子相比确实廉价，廉价到“两年坦白论”也难以奏效。

其实，钱柳阳并不想活得如此现实，可婚姻偏一个劲儿地把她往现实里又拉又拽。说来也怪，周围但凡结婚的朋友，嫁的都是有房户，不论对方是不是本地人。

若按鲁迅先生“世上本没有路，走的人多了，便变成了路”的逻辑来推论，已婚女人们的选择无疑昭示着这样一个真理——结婚本没有房子这个硬件条件，可要的人多了，便变成了一种必需。故在这种大环境下，如果男孩没有房，女孩是不可以轻易嫁过去的。

“如果我确实爱他呢？”

当钱柳阳把这句话说给母亲听时，母亲一阵讥笑，“他爱你吗？倘若他真的爱你，定会为你准备一套房子。但如果这个男人现在买不起房，就轻易把你娶到家，他是不会珍惜你的。难道你还指望等你生了孩子，收支更紧张时，他再买房吗？凭咱的条件找个有房的、爱你的根本不是问题。所以长痛不如短痛，分开才有新生。”

“如果我确实爱他呢？”

钱柳阳又把同样的话说给闺蜜，想换得姐妹间的共鸣。可殊不知迎来的依旧是当头一棒，“房子是男人试探女人底线的利器，你若迁就了，他便是胜利。这不是我们该彰显大气的时候。要知道，在没有房子的婚姻里，女人永远是被动的。男人不变心还好，若是变心出轨闹到离婚那步，你的青春岂不是在出租屋里被践踏了？”

想来也是，结婚嫁个无房户，便意味着自此之后的人生永远比别人滞后。别人计划生孩子时，你要考虑买房子。别人勾勒梦想计划创业时，你要考虑买房子。别人都换了一套别墅两辆宝马时，你还在考虑买房子。

够了。钱柳阳不忍再想下去，生硬斩断了正在延展的可怕思绪，那一刻的她终于狠心决定——分手。

三天后，钱一凡在接到钱柳阳急促打来的电话时已有了不祥的预感。

不出所料，他再度重温了失恋的剐心之痛，而这一次的痛足以让其对爱情绝望。他没有卑贱地挽留，因为钱柳阳的声音是那般斩钉截铁，全然失去了往昔的娇柔，显然她心意已定。

于女人来说，择偶就像招聘。不同的女人会张贴出不同的条件，然后按重要程度依次排序。凡满足“招聘条件”或在某方面格外突出的男子皆可列入考虑范畴，但最终谁能被正式“录用”领到结婚证，还要历经恋爱的磨合。这一点像极了签约前的试用期，所以男人们丝毫不敢掉以轻心。事实上，在大部分女人眼中，只要男人不出现原则性问题，不触碰婚姻的底线，就不会轻易被“辞退”。此外，一如招聘简章中有关年龄、学历、专业这“老三样”的门槛要求，姑娘们在择偶时也会设定婚房、身高、工作这三大“必有项”，且“有房”已成为当下择偶的头条标准。不论姑娘是否窈窕貌美蕙质兰心，都会要求男方必须有房，更何况钱柳阳这等姿色脱俗的女子呢。

于是便注定了钱一凡重走失恋路。

他确实是个平凡男人，平凡到连结婚资格都没有。即便他心地善良孝顺上进，即便他工作稳定为人踏实，但因为交不起首付让这一切都变得一文不值。钱一凡除了心痛也只剩无奈。

人生很残酷，一步错，步步错。在路过证券公司时，他又想起三年前那场因股票而起的家庭风波。也正是那次风波，让父亲冲动之下全部割肉清仓，足足损失了一套房子的首付，所以才迟迟没有给他买房。所以父亲一直对儿子心生愧疚。

这个下午，钱一凡漫无目的地驾驶在五环路上，陪伴他的只有那首《平凡之路》。不知谁在翻唱，总之是最打动他的版本。

"我曾经拥有着一切，转眼都飘散如烟。"他就这样唱着、哭着、回忆着、哽咽着，为了过去，更为那莫测的明天。

用泪水宣泄压抑并非女人的专利，但对男人来说，宣泄实则是内心力量的再一次积聚。于是在潮湿中他看见书店门口滚动的字幕——财富医生大文新书签售，告诉你如何变身为有钱人。

"变身为有钱人"这是钱一凡再现实不过的梦想了。

只可惜当他按图索骥来到书店二楼时，见到的却是一群正在拆卸台子的工人和角落里堆叠的书。"签售讲座刚结束，小伙子你来晚了。"其中一位操着山东口音的大叔见钱一凡斯文地站在那里，边说边指了指一旁的书，"书还有，当天买打八折，那边结账。"于是他悻悻地拿了本书，却又带着些微欣喜翻了起来。

说来也巧。看目录的功夫，一位出版社大姐急匆匆前来提书，见到钱一凡便道，"别磨蹭了，她们还等着你呢。"

就这样一头雾水，混混沌沌地跟着出版社大姐上了六楼。

由于刚翻看了勒口的作者照片，钱一凡几乎一眼便认出了大文。尽管对方阴差阳错将其当成图书大厦会计，可也正因为这误打误撞才让他有了零距离咨询的机会。在澄清事实与来意并用极简的语言阐述完自己的现状后，大文并没有排斥，甚或亲和得像姐姐一样坐下来给他提出中肯的建议。

“我不会承诺你未来会坐拥千万财富，但至少能让你比现在有钱，起码几年内买套婚房、娶个媳妇没有问题。”大文的话就像强心针，让精神垂危的钱一凡瞬间倍感抖擞。

“您说的我都听，也都会照做。不求多么有钱，只求能拥有娶妻的‘最低配置’。谁让房子、媳妇就是婚姻中的‘筷子兄弟’，缺了哪支都夹不起‘结婚’这俩字呢！”钱一凡愈发觉得这句比喻再贴切不过了。

“大致说说你的情况。比如工作年限、月收入、月支出、目前存款额、有无借贷，以及主要理财方式、兼职情况等”。大文的声音裹挟着疲惫，却仍充满力量。

“我今年 29 岁，大专毕业就工作了，至今八年。目前月收入 8000 元，有五险一金，尚无兼职。本人不吸烟不饮酒，不讲吃穿不攀比，也无任何不良嗜好，除隔三差五聚会娱乐，定期约朋友短途自驾旅行外，剩余的钱都存起来。上个月我查了下，工资卡里差不多有 4 万多元。因为没买房，所以暂无借贷，但早晚会有。至于理财……”钱一凡陷入片刻沉默。并非不愿回答，而是说不出口。毕竟除了支付宝里的 3000 元流动金外，他的钱都放在了那张用来取工资的交通银行储蓄卡里。从严格意义上讲，这算不上理财。

虽然只是简短的情况说明，但大文还是听出了其中的不合逻辑。

“你说自己花销有限，月结余通通存起来，可为何工作八年却只有4万多元？这中间一定有大额支出吧？”

“有。前年买了辆迈腾车，花了大部分积蓄。”

“为什么不把这笔钱留着作为房子首付，或买辆相对便宜只做代步用的国产车呢？”

钱一凡一脸无奈，“当时这些钱根本不够房子首付，索性就买了车。反正车、房迟早都要置办。况且，如果骑车或公交去相亲，不仅屌丝而且绝对‘见光死’。”

“可据我所知，绝大多数姑娘都会觉得房比车重要。她们可以接受有房没车，却无法忍受有车没房，毕竟‘丈母娘经济’下抬高的是房价，即使个别人对车有要求也得在有房的基础上，你就更达不到了。所以从大局角度出发，这一步不该这么走。就好比都火烧眉毛了，你却还在那里悠闲地点烟。”

确实，车和房相比，一个贬值一个增值。钱一凡固然明白这个道理，但事实已然如此，他只能顺水推舟宽慰自己，“如果房子是步入婚姻的敲门砖，那么车就是相亲见面后决定是否继续交往的加分项。”他依旧无奈地解释着。

“那又如何呢？我今天只想解决你目前最棘手的问题——买房。这也是很多80后、90后们最为关切的。”大文沉思片刻后直言，“如果父母不能在婚房首付款上给予支持，那么我建议你赶紧把车卖掉。”

“卖车？”钱一凡生怕自己听错了。

“对，卖车。使用两年多的迈腾应该不会亏太多。这样你就有了将近20万元，不是吗？”

“是”。钱一凡无论如何也想不明白，所谓通过理财实现买房是先得把车卖了。照此逻辑，谁都能当财富医生。钱一凡尽管心里不服，甚至无法接受大文提出的建议，但表面仍做谦卑状。至少他要听完下面的话，这是基本礼貌。

“你今年若是25岁，我绝不建议你卖车。”

见钱一凡狐疑不解，大文急忙解释，“倘以而立之年结婚算的话，你还有一年时间用来攒钱理财，然后买房娶妻。但一年功夫攒出并理出一套房子的首付显然不切实际。除非你目前年薪超过30万元，或者拖延至35岁再考虑恋爱结婚。”

“别说35岁结婚，就是30岁我妈都嫌晚，她巴不得赶紧抱孙子。”钱一凡每当说到结婚，眼前都会浮现出母亲企盼的眼神，毕竟与她同时代出生的人早就当上了奶奶。钱一凡明白，那种迫切想见隔辈的心情就像自己迫切赚钱的心态，焦急又无奈。

“所以你还是得卖车。然后再加上你现有的不到 5 万元存款，就差不多25万了。”

话题再度回到卖车上，可钱一凡心里竟没刚才那般反感了，“25 万元，如果只作为三成首付款的话，就意味着房屋总价需要控制在70～80万元左右，这在偌大的北京城怎么可能？”

大文顿了下，似在找寻更恰当的表达方式。

“一个饥寒交迫的人突然得到一碗面，你觉得他还会在乎是否放了香菜吗？”

“不会。肯定要先填饱肚子，哪怕只是碗水煮挂面。”

“所以，得先解决饱腹问题才能再谈口味与口感。何况，如果你又要好地段又要大房型，别说 80 万，就是 800 万也不够。现在各城市都有经济适用房、限价商品房，先贷款买一套，待日后经济条件允许时，再转手卖掉换新房。千万不要把购置婚房看作是一锤子买卖，因为随着财富的增长及未来家庭结构的变化，房子的更新换代是种必然。”

钱一凡轻叹了口气，虽默不作声，却在心里反复回味着大文的话。

他确实“饥寒交迫”，根本没有能力让婚房一步到位。也许大文的建议是对的，他已经没有太多时间赚回父亲在股市中亏掉的钱，而且就算一年不吃不喝也凑不出首付。惆怅就像被风突卷的浪，狠狠拍打着钱一凡千疮百孔的心。

“你不是有公积金吗？”大文继而谈到了贷款，“虽说账户里的余额不能作为购房首付款来提取，但你完全可以利用‘**公积金先借后还策略**’变相使用。”

“先借后还？”这让钱一凡想到了信用卡透支。

“从投资理财的角度讲，公积金贷款是国家支持的一项贷款优惠政策，只要符合贷款条件都应尽可能用足公积金贷款额度。”

“可我连购房首付都还没着落，又怎么可能谈到公积金贷款这一步呢？据我所知，公积金账户余额是不能作为购房首付款来用的。”钱一凡的大脑似乎最擅长于照本宣科，就像之前牢记在心的“两年坦白论”。在他看来，原则与规律是必须要坚守的。

“人生需要变通，具体到钱财规划更是如此。你说得没错，只有购房并提供购房相关证明材料后才可以办理公积金提取手续。但倘若我们**套用‘信用卡思路’就完全可以用公积金弥补房屋首付款的不足**。具体讲，如果以首付 30 万元来计算，那么你还差 5 万元。这 5 万元你完全可以向父母或朋友打借条，并承诺在较短时间内还清。于是通过这种方式，你凑足房屋首付，随后买下一套地点稍偏的小户型婚房。好了，购房已然成为事实，接下来便可以按照流程要求提取公积金账户余额。待提取后，用其中的 5 万元偿还借款。这样一来，相当于变相使用公积金支付了首付。如果你想减轻还款压力或购置更好的房型，也可视具体情况提高首付额度，无非在相同的期限下‘多借多还’。”

钱一凡大致估算了一下，从单位缴纳住房公积金的那年算起，截至目前账户里应该躺着 12 万元。假如依照大文的“先借后还策略”，确实能在半年内买套婚房，而公积金账户里的余额也能“起死回生”。

曙光射寒色。钱一凡的心顷刻间掠过一丝喜悦，思路也跟着调转至贷款环节，“如果每月的公积金缴存额不足以支付日后月供的话，是否可以搭配一部分按揭贷款呢？”

“当然可以。**在贷款购房时，应该先最大限度地使用公积金**

贷款，然后再配合按揭贷款，但这涉及如何用足公积金使用年限的问题。由于公积金贷款利率较商业贷款利率低，所以在组合贷款中，要合理设定较长的公积金贷款年限和较短的商业性贷款年限。”大文迟疑了一下，“这里有个使用技巧，即便你目前用不上，多掌握一些也还是有必要的。比如夫妻年龄相差不多，由丈夫做贷款人，申请到的公积金贷款时间要更长。而如果夫妻年龄相差较大，则以年龄较小的一方做贷款人。”

比起这个使用技巧，钱一凡更关心的是在偿清 5 万元借款后，若将剩余的 7 万元公积金进行提前还贷的话，究竟“堵”的是公积金贷款部分，还是按揭贷款部分。

“放在以前，住房公积金组合贷款在提前还款时，要求同比例分别偿还公积金贷款部分和银行个人住房贷款部分。而新政策实施后，贷款人在提前偿还住房公积金组合贷款时，可以自主选择先行偿还公积金部分或商业贷款部分。一般来说，由于银行个人住房贷款利率普遍高于公积金贷款利率，所以在提前还款时建议先行多还银行个人住房贷款，以减少利息支出，降低购房成本。”

大文说着，翻起书来，“我有一章是专门写公积金的，你可以先看看。”

钱一凡接过尚存墨香的书，细细读了起来，等待大文处理事物。此刻，他突然觉得自己很幸运，能在一无所有的人生谷底，邂逅这样一个人，并拥有这样一次关乎未来的谈话，让一切因此有了希望。

书中罗列了公积金使用过程中的诸多误区，几乎每一条对钱一凡而言，都是新鲜的知识注入。就像大文说的那样，多掌握一些终归还是有必要的。尽管是生硬耿直的白纸黑字，但钱一凡却将之想象成自己与大文的对话。姑且称之为**“钱一凡的十七问”**。

钱一凡疑问一：父亲给儿子买婚房，但房本上写的是父子两个人的名字，这种情况下，两个人的公积金是否都可以提取？

大文：如果房本上写的是两个人的名字，假设儿子作为贷款人，那么父亲可以将购房合同签订之日前的公积金进行一次性提取，之后的则不可以提取，除非退休。但作为贷款人的儿子除了一次性提取外，还可以在日后的还贷阶段定期提取。

钱一凡疑问二：购房人买房，每月公积金有 3000 多元，还贷款 2000 元，那么剩余的 1000 多元公积金能否提取？

大文：不可以提取。但购房者可以在大额还款时提取，也就是说拿着银行的还款凭证到住房公积金管理中心来取。对于大额还款的金额，各银行都有各自的门槛。

钱一凡疑问三：如果本市职工到异地购房，能否提取本人的住房公积金？

大文：首先需要明确的是，本市职工到异地购房必须户口在当地，或在本市的原单位将其派往买房的城市去工作，而且单位必须出具派往工作地的证明。其次，外地购房必须在取得产权证后才能提取住房公积金。也就是说，在本市买房只需要有购房合同就能提取公积金，但用本市的公积金到外地买房必须要有产权证。反之，如果外地职工到本市买房，则需要遵守外地城市的住房公积金提取政策，毕竟每个城市的公积金政策都有一些不同，在哪个城市取公积金就必须遵循哪个城市的政策。

钱一凡疑问四：如果购房者所在单位没有如期缴存的话，住房公积金是否可以继续偿还贷款？

大文：目前公积金贷款人在申请公积金贷款的同时必须强制签订委提协议，也就是委托扣款协议。通常，公积金贷款是“一卡两户”，一个是公积金账户，一个是储蓄账户，也就是代扣账户。贷款人在第一个月还款前必须存足首月还款金额，比如每月还款 3000 元，于当月 20 日扣款的话，那么首月需要存满 3000 元。而当首月关联扣款成功后，以后每个月就能正常循环了。但是，如果因为单位没有按期缴存而出现缴存空档致公积金账户余额不足的话，贷款人必须自己注意往储蓄卡里存钱，否则也会因为逾期而产生罚息，甚至在个人征信系统中出现不良记录。

钱一凡疑问五：如果本市职工在缴存公积金期间辞职，在暂时没有找到下一份工作前，公积金是否可以自己上？

大文：住房公积金，是指在职职工个人及其所在单位按照职工工资收入一定比例逐月缴存的、具有保障性和互助性的职工个人长期住房储金。职工个人缴存的住房公积金和职工所在单位为职工缴存的住房公积金，属于职工个人所有。缴存住房公积金的职工，符合提取条件的可以申请提取住房公积金，购房的可以申请住房公积金贷款。所以从定义来看，职工离职后是不可以自己继续缴存的，因为缴存公积金属于单位行为。故职工辞职后，原单位会将其公积金进行封存，直到职工找到下一个接收单位。在此期间，该职工是没有住房公积金的。

钱一凡疑问六：职工住房公积金除了在购房时可以提取外，哪些情况下也可以提取？

大文：事实上，缴存人有如下情形之一的，均可按规定申请提取住房公积金。首先是住房消费类提取，包括购买商品房、私产房、经济适用房、公产房产权等自有住房的；在农村集体土地上建造、翻建、大修自有住房的；偿还自有住房贷款本息的；无房无贷职工租房的。需要说明的是，装修房子是不可以提取住房公积金的，即便装修款项较大也不能提取。其次是非住房消费类提取，包括离休、退休的；出境定居的；与单位终止劳动合同关系，封存满两年的；领取失业保险金的；完全（或大部分）丧失劳动能力或重度残疾（一级或二级残疾），并与单位终止劳动关系的；被判处刑罚并与单位终止劳动关系的；户口迁出本市并与单位终止劳动关系的；外地户口并与单位终止劳动关系的；职工死亡、被宣告死亡的；被纳入本市城镇居民最低生活保障范围或特困救助范围的；家庭成员（本人、配偶、未成年子女）患重大疾病的。由于各城市在公积金政策具体执行上有所不同，故贷款人还应咨询所在城市的具体细则。

钱一凡疑问七：假设父母用公积金购房还款，但中途出现身故，子女是否可以接着用自己的公积金还款？

大文：必须在变更借款人的情况下，子女才可以用自己的公积金还款。而如果是按揭贷款的话，可以咨询贷款银行，也是只要子女成为借款人就可以使用自己的公积金。但实际情况是很少有人能变更。也就是说，如果既不是购房人也不是借款人，那就提取不了公积金。即只能将父母死亡后的公积金进行提取，但儿子不可以提取自己的公积金。

钱一凡疑问八：购房合同下来后多久可以提取公积金？

大文：如果是一次性付清全部房款的话，不论购房人何时到公积金管理中心提取，取的都是购房合同签订日之前单位给上的那部分公积金。但如果是贷款购房的话，贷款人则随时可以拿着银行贷款凭证，进行公积金提取。

钱一凡疑问九：在用公积金还款的过程中，如果贷款人有了一笔大额收入，是否可以提前一次性还清？

大文：贷款人可以依据自身情况随时进行提前还贷。但这又涉及提前还款是否适用于委托提取。一般来说，只有借款人按月偿还的个人住房公积金（组合）贷款本息适用于委托提取业务，提前还款或担保公司代偿还款皆不适用于委托提取，借款人发生提前还款或担保公司代偿还款的，借款人及配偶应到柜台办理提取。

钱一凡疑问十：住房抵押贷款是否也能提取公积金？

大文：住房抵押贷款不属于住房贷款，因此是不可以提取住房公积金的。

钱一凡疑问十一：在本市工作的职工，辞职后去外地单位，个人住房公积金如何调转？

大文：一般情况下，需要先由外地住房公积金管理中心出具缴存证明，然后再由本市住房公积金管理中心直接打到外地的公积金账户里，个人是不接手的。举个例子，假设天津的职工去北京工作的话，可以办理住房公积金账户余额转账，将天津缴纳的公积金余额转移到北京住房公积金账户。需携带的审核资料包括：住房公积金龙卡或住房公积金储蓄卡；身份证；北京住房公积金管理中心出具的缴存或者开户证明，证明上应记载"收款人名称"、"收款账号和开户银行"并加盖北京住房公积金管理中心的印章。

钱一凡疑问十二：如果本市职工辞职后选择去外地创业呢？其公积金又是否可以提取？

大文：如果是去外地创业的话，则暂时由本市这边的单位做封存，待满两年后再行提取。但是这个"满两年"是以最后一次缴存的时间往后推两年，而不是辞职之日往后推两年。譬如，倘若职工在辞职后又找了一个单位，并缴存过公积金，可是工作几个月后又辞职创业，那么就要从最后一次缴存公积金的日子往后推两年，才可以取。

钱一凡疑问十三：结婚前使用公积金贷款买的房，配偶也有公积金，能不能用配偶的公积金一起还贷款？如果可以，还贷时先扣谁的钱呢？

大文：婚后可以增加配偶的登记进行共同还贷提取。还贷提取公积金的顺序为：先提取借款人公积金账户余额，再提取借款人配偶住房公积金账户余额，前一顺序账户内资金提取完毕，再提取下一顺序账户资金，各账户至少保留 1 元余额。

钱一凡疑问十四：职工个人贷款后，已签订《委托提取协议书》，配偶还可以再申请办理委托提取吗？

大文：借款人签订《委托提取协议书》后，配偶可再申请，同时提取本人住房公积金。配偶需要到贷款银行签订《变更委托提取住房公积金协议书》。需要提供的申请资料包括：借款人身份证及复印件；配偶身份证及复印件；结婚证或同户籍户口本亦或民政部门出具的夫妻关系证明及复印件；配偶住房公积金卡；原《委托提取协议书》。

钱一凡疑问十五：劳务派遣员工如何缴纳住房公积金？

大文：根据我国《劳动合同法》第五十八条的规定，劳务派遣单位是劳动法上的用人单位，应当履行用人单位对劳动者的义务。劳动派遣单位与被派遣劳动者订立劳动合同。因此，作为用人单位的劳务派遣单位应当为劳动者缴交住房公积金。至于这笔经费的最终来源，应由劳务派遣单位和实际用工单位以协议形式明确。

钱一凡疑问十六：租赁自住住房支付房租提取住房公积金的条件是什么？

大文：首先说，提取人及配偶在工作所在地无自有住房，正常租赁住房期间，一个季度内只可以领取一次住房公积金，比如 10 月份领取后，当年的 11 月、12 月就不能再次领取。而且在领取额度上也是有规定的，一般来说每月的额度不能超过 1980 元的上限。如果提取人住房公积金个人账户提取额不足以支付租金的，其配偶可提取缴存的住房公积金。（此数据以天津为例，各城市在提取条件上存有差异。）

钱一凡疑问十七：住房公积金有利息吗？

大文：住房公积金自存入职工个人账户之日起，按国家规定的利率计息。当年缴存的住房公积金按活期利率计息，以前年度缴存的住房公积金按三个月定期利率计息。

原来，一直闲在账户里的公积金并不非要待攒足首付买了房后才能使用。就像大文所说，只要稍微变通一下，解决婚房问题很容易。

钱一凡暗自计算了下，如果用足 12 万元账户余额，再加上卖车与存款的 25 万元，采用“先借后还”的方式，首付款就有足足 37 万元。按首付比例三成，那么总房款就超过 100 万元。照此价位，买套地点距市中心稍远，譬如五六环位置的小户型房子，应该不成问题。而且实施起来也不难，周围几个哥们儿每人拆借几万先把首付垫上，然后再用公积金余额逐一还清，估计没人会拒绝。这样盘算着，钱一凡不由兴奋起来。尽管不能达到他预想的房型和地段，但有房总比没房强。更何况，在大量刚需的推动下，北京非核心区的房子升值潜力很大。

比如“睡城”燕郊，钱一凡想到一位刚结婚不久的同事便住在那里。每天过着往返燕郊与北京的“双城生活”。虽有多路公交车直通国贸，但由于住在那里的年轻上班族数量众多，加之地面交通运输能力有限。于是为避免因迟到损失当月奖金，很多老人都不辞劳苦地充当起孩子的“公交代排客”。每天不等天亮，他们就要从家步行至公交总站排队，只为给孩子多挤出一个小时的睡眠时间。同事的母亲，恰是这万千老人中的一员。

钱一凡继而又想起去年冬至那天，这位同事曾红着眼对他说，儿女在还能孝顺的时候抓紧孝顺，别等有一天想孝顺时却已没了机会。口出此言，是因住在同层的一户邻居，两口子终日忙于工作，留守家中的老母亲又要照顾孩子又要每天早上做"公交代排客"，身心劳累外加多年高血压终猝死家中，那一天是冬至。所有得知此讯的人，都感觉到刺骨的冷。自此之后，同事眼中的燕郊被赋予了不同的意义，它是无奈者们的短暂停留，是年轻人打拼北京的始发地——一个位于长安街延长线、距天安门仅 30 公里的始发地。

是的，就像一场马拉松赛的起跑线，可以从那开始，却只把它当作人生的起始站。隐隐中，钱一凡似乎有了方向。既然北京市区过高的房价让人望而生畏，那就先选择一处价位可接受的房子，尽快娶妻成家，了却父母心愿，尽自己最基本的孝心。况且只增不减的刚需购房者，长久推升着首都周边的房价，未来出售并不亏。

大文仍旧忙碌着，根本没有意识到钱一凡的悄然离开。

只是很久之后的某天，大文的助理告诉她，有位叫钱一凡的客户来过理财医院。

大文并不知道钱一凡是谁，只通过助理的转述依稀回忆起那天的情境。

如今，他的老婆已四个月身孕。小家被安置在燕郊，面积不大却温馨。为不挤公车，他用房款节约下来的 5 万元外加老婆的嫁妆钱凑了辆尼桑代步。尽管每天奔波于两点一线间，尽管日子过得不算宽裕，但至少有了房、娶了妻且即将要荣升爸爸，可谓在幸福中向心里目标不断迈进。

助理告诉大文，钱一凡还会再来光顾。因为他已深深觉得，生活离不开金钱的合理规划与科学配置。当你比别人早一步懂得理财时，你就比别人离财务自由更近一步。

【财人新计】

现如今的中国，“男买房女购车”的结婚模式已被大众普遍默许。但面对高昂的房价，不少经济适用型的准婚男望洋兴叹。于是一些人求助父母资助，或干脆卖掉老宅再添钱换大房，哪怕婆媳共处，总之有房。相较之下，也有些自食其力者选择贷款，用日后漫长的岁月偿还。

其实，贷款看似简单，但真正会用的人并不多。就拿人人皆知的住房公积金来说，如何最大限度地借它实现购房优惠，是每位购房者所关注的。可是人们往往只知道公积金不能用作购房首付，也就是说通过公积金贷款购房需要先消费后提取。这样一来便导致很多人因凑不上首付而将购房计划无限期延后，眼巴巴看着公积金账户里的余额干躺着用不上。

如果我们变换一下思维，将公积金卡当成可以透支的信用卡如何？详细说，如果你的公积金余额较多，完全可以先借款把首付凑上，并在购房时按流程申请公积金贷款，等一切审核通过后，再提取公积金还清借款。相当于用别人的钱买房，再用自己的公积金还账。

然而一些自认为还算聪明的年轻人觉得，这种方式总要找人张口借钱，显得低三下四。既然自己上班没多久，公积金账户余额有限，那就用父母的公积金贷款给自己买婚房，他们的工龄较长，公积金余额也较多，不是更好吗？否则这些钱也只能等到退休才能提取。殊不知，这看上去合乎逻辑的办法，实际却并不成立。因为原则上，父母与子女间的公积金是不能互相使用的。故在住房公积金购房申贷问题上视为两户人，子女与父母之间是单独分开的，算作两个家庭。所以，父母如果以子女名义给其置备婚房是无法提取公积金的，除非以自己的名义购房，但这又涉及未来长时间还款无法用上子女的公积金问题。

怎么办？还是变换固有思路。既然单独以子女或父母之名都无法充分用足公积金，那就在房本上把两个人的名字都写上，譬如父与子。依然借助上述“先借后还策略”把房子买了，假定以儿子作为贷款人，那么父亲可随后将购房合同签订之日前的公积金进行一次性提取，而儿子除了一次性提取外，还可在日后的还贷阶段定期提取。堪称两全其美。

此外，以下几点也需要准婚男青年在购房时尤其注意。

第一，由于住房公积金是一项个人的长期住房储金，目的是通过逐步积累，帮助缴存职工解决基本的住房问题。所以在合理确定公积金贷款顺序方面，对于购买首套房的青年来说，应该遵循先公积金贷款后商业贷款的顺序，以充分享受公积金贷款的优惠利率政策。

第二，公积金贷款额是有上限的，所以不能超出上限。换句话说，它与商业贷款存在很大区别，不能单纯依据房产评估值来计算贷款额，而是需要根据借款人的收入、缴存额和缴存比例综合计算，严格控制不能超出公积金贷款的最高上限。

第三，对于公积金账户余额较多，且贷款初期现金支出压力不大的青年来说，可以选择用公积金账户里的全部余额冲抵贷款本金。举个例子，贷款 50 万元，公积金账户余额有 30 万元，不妨用这 30 万元先冲抵大部分贷款本金，以省下一笔可观的利息支出。

第四，在合理确定还款额度方面，公积金贷款的还款方式非常灵活，借款人只要每个月的还款额不低于“最低还款额”便可随意确定还款数额。就是说，在申请住房公积金贷款时，住房公积金管理中心会与借款人协商确定贷款金额、期限，以及贷款每期的最低还款额度。而在还贷的过程中，借款人还可以通过公积金管理中心客户服务电话调整每月的还款额，但要合理确定当月还款额度，以免最后几个月还款压力过大。

第五，在结清公积金贷款后可以再行使用公积金购房。无论是婚前还是婚后办理的公积金贷款，夫妻双方中有一方办理过公积金贷款，公积金中心系统上就会有相应记录。所以在上一次贷款未还清前，夫妻双方不能再使用公积金贷款购买第二套房。但如果第一套房的公积金贷款已结清，夫妻双方再次使用公积金贷款买房，仍可视为首次购房，不受二套房的政策限制。

他的炒股“小鲜招”

冷家与吕家自祖上起便有来往，但所谓“吟发不长黑，世交无久情”，后辈们虽依旧延续着上一代的友谊，但也仅是表面和谐，更多的却是暗中较劲。尤其是在冷越与吕昊出生后，两家人的“较量”便从男人的事业、女人的姿色延伸至孩子的一切。本着“他家有，咱更有”的信念，冷越与吕昊开始了“较量”下的成长。

上小学时，听闻冷父托关系把孩子办到区重点，吕家也不甘示弱，硬是辗转搭上市教委的关系，把儿子送到市重点。初中毕业那年，冷父为了面子打掉牙往肚里咽，将苦心攒下的几万元存款全给冷越掏了择校费，既然分数不够，那就用钱来补，哪怕砸锅卖铁也绝不让儿子输给吕家那小子，这是“原则”问题。

两个少年就这样一直比到大学毕业，比到工作恋爱，甚至还会像父辈们那样比到未来结婚生子，到孩子，亦或是到孩子的孩子。

中国人之所以常将“累”字挂于嘴边，恰恰是因为一直在用别人的路丈量自己的人生。不只冷越和吕昊，几乎所有的 80 后、90 后都无一例外地在被比较中长大。大到一次关乎命运的转折，小到一场决定胜负的竞技，谁也不愿甘拜下风，似乎所有努力的目标与前行的动力永远是“比他强”。冷越本以为结婚是这场较量的终结点，但他错了，因为从一开始接受拿自己与吕昊做对比时，他就已经陷入一个循环。久而久之，“吕昊”这两个字也便深深烙刻在他心里，是好友更是对手，所以纠结成为冷越的常态。

2007 年，股票市场炙热如火，燃烧着每个人沉睡的投资神经。伴随 A 股的扶摇直上，利润顷刻间倍增的神话几乎每天都会上演，只要成为股民，随时都有被馅饼砸中的机会。冷越和吕昊自然按捺不住，于是各自拿出 10 万元存款在同一营业部开了户。由此，赢利几何便成为二人新的较量点。

既然都没有投资经验，两个人索性选择了“分头行动再汇总决策”的联合作战方式，即一个主攻研究大盘走势，另一个搜集打探个股讯息。可是半年过去了，冷越的收益却始终逊于吕昊，哪怕买的都是一样的股票，而更让他暗生闷气的是在入市一年后。

彼时的 A 股一改温顺的单边上扬，桀骜般倾泻数千点，让猝不及防的人们哀嚎遍地，这其中也包括冷越。但相比其他股民，冷越除了亏损的心痛，还有妒忌与羡慕，妒忌的是吕昊果断割肉，羡慕的是其只损失了部分盈利，并未伤及本金。

他究竟拜了哪路神仙，财运如此旺？为一探究竟，冷越展开了暗中观察，发现吕昊每至周末都雷打不动地前往某券商开办的股民学校秘密学习，尽管他并非那家公司的客户。这一切，冷越竟浑然不知。

那隐藏在阳光背后的阴暗，就像刀锋上的光，再亮也是冷的。他不怪吕昊，只怪自己发现得太晚，可作为后来者，他还是怀揣着反败为胜的信念与憧憬迫不及待报了名，并在时间上故意与吕昊错开。

较量已然升级。

几乎每两周，主讲人都会推荐一个由五只股票构成的投资标的池。冷越生怕错过任何一只个股的赚钱机会，于是将有限的资金平均分配。最多时，持仓的股票个数多达十余只，而吕昊恰恰与之相反，多不过三只。数量上的领先让冷越暗自窃喜，毕竟表面上看去，自己的胜算概率更高。没准赶上哪天反弹，种子们就齐齐开了花。

于是冷越乐此不疲，无论在哪、做什么，只要空闲就会掏出手机看行情，甚至背着同事躲进厕所买入卖出。他的炒股理念很简单，就是手疾眼快赚足当下钱，即使工商银行这类超级大盘股也坚决本着“有利就走，绝不多持半天”的快进快出原则。他深信天将降大任于斯人，必先苦其心志劳其筋骨。虽说不至于饿其体肤，但在亏损的日子里，他为省钱补仓而食素，体重也就紧跟着股指迅速下滑。

如果体重骤减换来的是市值增长，如果千元学费兑现的是扭亏为盈，冷越不会一直抑郁寡欢。但他发现，不论自己怎样刻苦地恶补投资知识，怎样努力践行技术指标实战技巧，似乎都于事无补，所剩的 4 万元本金还在小幅缩水。同期学习的股友，也有不少与其同病相怜者，大家越跌越买，越买越亏，越亏越怕，于是踌躇不前，陷入迷雾。可唯独吕昊，依旧踏着稳健的步子赚着稳定的盈利。比如同样一只粤传媒股票，吕昊盈利近 30%，而冷越则戏剧般演绎着另一个极端——亏损 30%。

为何他炒股总能赚？冷越内心的挣扎远胜于对吕昊的妒恨。

于是接下来的一年，冷越空仓暂别股场，只为苦苦找寻炒股盈利背后的秘密。

在吕昊的婚礼上，冷家被安排在距离舞台最近的主宾席，是亲密友情的体现，也是刻意炫耀的最佳角度。

望着聚光灯下如王子般自信得意的吕昊，一丝自卑莫名划过冷越心头。母亲凑近耳边，一句“你又落后一步”更让他浑身不自然。是的，冷越落下了，落下的不只婚姻，还有财富。

他炒股为何轻而易举就能盈利，而我付出这么多却一亏再亏？循环播放的婚礼进行曲难阻冷越的游思。于是点燃一支烟，穿过面带笑容的人们，来到幽静的走廊，似乎只一扇门，就阻隔了所有令他心生不爽的人“事”物，任凭门里如何感天动地，都与门外毫无半点关系。

在这无趣的时光里，大盘是唯一能提神醒心的解药，尤其对于亟待反败为胜的冷越而言，读盘解股远比觥筹交错重要得多。更何况，他根本不想看到“竞争者”在接下来的敬酒中注定绽放的虚伪，那份明明领先却故意放低姿态的虚伪。

有的人生来就是虚伪的，譬如吕昊。读书考试时，明明熬夜背诵复习，却硬要说自己玩了整晚的游戏；毕业求职时，明明被 500 强拒之门外又硬说是自己厌恶大企业固有的诟病；恋爱结婚时，明明是他厚着脸皮苦心追求对方，可硬是在方才的典礼上编纂出女追男的现代爱情故事；还有炒股，明明偷着在背地里进修，却硬是在别人提到股民学校时灿烂出古怪的微笑，而后故作惊讶毫不知情。如此虚伪地活着，难道不累吗？冷越边想，边愤然暗骂起来。

“劳驾，帮我搜索一下粤传媒现在多少钱。”门里走出来的红衣女子举着电话没聊几句，便扭身打断了冷越的愤愤，偌大的走廊，留下礼堂般的回声。

“12 块 5。”

“12 块 5。”女人重复着，口气略带强势，“你先别急着抛，如果所有人都今天买了明天赚，那么世界上就没有穷苦一说了。知道吕昊吧？”

冷越像触了电，完全被这句话吸了过去，于是心不在焉佯装看手机，偷听着女人下面的话。

“吕昊炒的也是粤传媒，可人家反弹这只股就赚了 30%。因为他知道什么时候该卖，什么时候要等，什么时候得果断止损，而不是像你这样随心所欲，不循章法。炒股看似随性，其实也得按规则办事。”

“难道炒股也有章可循？那吕昊一定是掌握了其中的章法。还有，这女人与他又是何关系？竟如此确切而详实地掌握着他的投资动向。”好奇心的使然，让冷越在女人挂断电话的那一瞬明知故问道，“您也是来参加吕昊婚礼的？”

“是的，虽然我和他认识的时间不长。”

“您好，我是吕昊的发小，他家和我家算是世交。”冷越友好却又有点突兀地伸出手，“很高兴认识，我叫冷越。”

女人微笑回应，“叫我大文就好，我习惯了这个称呼。”

两个人都不想重新融入喧嚣，索性坐下来继续聊天。

“我也买了粤传媒，可运气不比吕昊。”

“难不成也上了股民学校？”

冷越摇头，嘴里却连连称是。

这略带滑稽的不协调让大文差点笑出声，“放心，我会替你保密。”

“您不会是和吕昊一期的吧？”

“当然不是。严格意义上讲，你们都是我的客户。”大文不再继续说，只面带微笑地望着醍醐灌顶的冷越。

“您就是理财医院的大文老师？不，是大文医生。”冷越异常激动，恍若找到了投资路上的救命草。如此一来，他又怎能轻易错失这可遇不可求的机会，于是问“很想知道，吕昊为何炒股从未失过手？”

“你每天都会交易吗？”大文所答非所问，语气亦由平和变得严肃。

“是的。除节假日闭市，差不多每天都要买卖一次。”

“你会给自己的持股群‘分班’吗？”

“分班？没听说过。怎么个分法？”

“你在选择股票时，会提前做足各方面功课吗？不单是过往走势的 K 线图，还包括上市公司的所有情况。”

“呃，做得不全面。”在回答这个问题时，冷越有了些许迟疑。因为自炒股至今，从来都是多数人买什么就炒什么，或者专家推荐哪只就买哪只，根本不会融入自己的观点，他压根儿就没有观点。

“你有具体的，用精确百分比制定的‘抛售标准’吗？”

“没有。我一般都是涨了就卖，跌了就等，但如果等待时间过长就干脆割肉换股。”

“你有定期进行投资总结的习惯吗？比如半年或一年，认真分析下亏损原因。”

答案依然是没有。

大文无奈地叹着气，“知道吗？吕昊和你的回答截然相反，这或许就是他盈利、你亏损的原因所在。我见过身边很多朋友一直奔走在扭亏路上，他们挖空心思钻研技术指标，研究上市公司基本面，对比过往业绩及走势，可到头来非但没有力挽狂澜反而输得更惨。我也见过不少煞费苦心的客户，到处打探内部消息，甚至自认为幸运地跟着某某基金经理的步子照猫画虎，但最终却仍徘徊于套牢割肉间。于是乎多数人变得像你一样，借由各种渠道窥探着少数人的赚钱秘笈。接下来，我会逐一为你揭开吕昊盈利背后那些所谓的‘秘密’。”

其实在参加这场婚礼前，冷越是极不情愿的，但在母亲的一再催促下还是硬着头皮来了，尽管他认为这是在浪费宝贵的生命做着最无意义的事。可就在刚才，当其误打误撞碰上大文后，突然又对吕昊心生感激，甚至还庆幸起母亲的喋喋不休。而大文，俨然已经厌腻了如此纷乱的场合，她急需找个借口出来透气，幸好冷越迎合了她。于是乎，置身场外的两个人便有了这堂足以扭转投资颓境的一对一辅导。

每个人都有自己的性格特点，反应在炒股上当然也就各不相同。大文语气确凿，充满肯定。“一般来说，投资者的**‘炒股性格’**普遍分四类：急躁好动型，冷静拖延型，见风使舵型和人云亦云型。在此四类性格中，急躁好动型的人在股民中占比最多，几乎达到一半以上，这群人的典型特征是频繁买卖，可一日不食却不可一日不炒，表现为见利就走、不容套牢、个股持有期较短、换股如同家常便饭，从你目前的描述看，恰属此型。而相比之下，冷静拖延型的人则相反，他们一般买后绝不轻易卖掉，任由市值在股指的跌宕起伏中沉浮，甚至有的人会‘忘记性持有’。从交易频率的角度看，加在这两群人中间的是见风使舵型和人云亦云型。这两类股民中，前者会追逐市场热点，永远炒作最热最火的板块及个股，属于股市的‘弄潮儿’。而后者则多没有自己的主见，选股标准和买卖策略完全跟着别人或专家走，其中以涉市未深的新股民居多。从这四类股民的赢利规律看，每天都在交易的急躁好动型十有八九都是亏损的。而见风使舵型与人云亦云型股民，多半也是亏的，只少数踩对节奏者赚钱，但赢利能否长久还另当别论。比较之下，唯冷静拖延型投资者赚取的利润最高，收益也最为稳定。无疑说明短线投机的失败概率要远高于长期持有。”

冷越无言以对。虽说他并不清楚吕昊的炒股方式，但自己确如大文所言，很难沉得住气，拿得住股。若按“**炒股性格四分法**”归类的话，冷越当属急躁好动外加人云亦云双重“性格”。而这“性格”最终决定了他的“命运”。

“炒股的人没有不知道沃伦•巴菲特与彼得•林奇的，他们一个是价值投资的代言人，一个是趋势投资的标榜者。这也恰恰是投资的两大主导思想。前者是指当一家公司的市场价格相对于它的内在价值大打折扣时买入其股份，投资者只需待股价补涨至真实价值附近抛出即可，通俗讲就是拿五角钱去购买一元钱人民币。两相比较下，后者则是指在操作中顺势而为，即在看准趋势的情况下主动与趋势保持一致。可以说这两种截然不同的投资理念，铸就了同样的投资传奇。然而当我们以此来反观自身时，尽管能对价值投资与趋势投资思想倒背如流，可运用起来却又总是‘自欺欺人’。比如，一些坚持趋势投资思路的人当遭遇行情急转而被套时，非但未及时采取止损措施，反而用价值投资思路来安慰自己继续持有，以待股价回升。同样，那些秉承价值投资的人按常理说不应去计较短期价格的涨跌，可现实操作中他们却偏偏在买入一只股票后频繁追涨杀跌，导致市值在一次又一次折腾中不断缩水。”大文说。

“其实我就是这样一个嘴上信仰着巴菲特的‘价值派’，实际却是个追涨杀跌却又总踏空的‘假趋势派’。”冷越笑了下，“应该算股市中的‘分歧者’了。”

“照你这么说，十个股民里起码得有七个都是‘分歧者’，即在秉承一种投资思路的同时却在不断地用另一种思路来掩盖不当的行为。”大文用极其确定的口吻告诫冷越，“如果你永远凭借侥幸心理，不制定投资计划，也不明确投资思路并贯彻始终的话，那我现在就可以很负责任地告诉你，不要再去学什么技术指标，更不要再继续交易了，因为你将注定亏无止境。这就是为什么很多人即便看了再多有关操盘技巧类的书，也还是亏损的症结所在。

“吕昊一定不属于‘分歧者’。”冷越如福尔摩斯般，迫切想要逼近“真相”。

“当然不属于。”大文些微迟疑，“但以我对他的了解，他不是绝对属于价值投资或趋势投资中的某一派，而是依据个股性质来确定最终的投资思路，这便涉及给股票池‘分班’的问题。”

冷越对于“**股票分班**”简直闻所未闻。他唯一能想到的只有中国好声音里的导师分班，可见自己是有多么不专业，于是也不敢插话。

“股票和人一样，也有专属于它的性格特点。所以那种不分青红皂白、囫囵吞枣式的单一投资方式显然不对路，我们需要的是‘因材施教’下的复合投资思路。大文的话如同新鲜血液，经由耳孔汩汩注入身体，让冷越有了新的认知。

“我们不妨将股票池比喻成一所学校，在这个‘学校’里自然有年级高低与快慢班之分，映射至股票便有大盘蓝筹股、成长股和中小盘题材概念股等类型迥异、持有期不同的股票区分。对于大多数偏爱眼前利益且缺乏足够定力的投资者来说，如果非要用持有期超过 5 年、10 年甚至更久的价值投资理念去硬性束缚他们的投资行为，显然不现实。既然如此，不如鼓励投资者给自己的持股群‘分班’。简单讲，比如像贵州茅台和中国石油这类最符合价值投资理念的股票当然要划归到‘价值班’，即在合适价位买入后长期持有，忽略中间的价格波动。又比如，因某一新闻事件或某个刚出台不久的新政而诱发的题材概念股炒作应当划归至‘技术班’，即本着短期投机的思路博弈一时的利润。举个例子，外资进入A股催生了外资收购概念股；奥运申办的成功熏热了奥运概念股；金价的持续飙涨又让黄金概念板块骤然升温。但这类股票只在一段时间或某一特定时期内备受资金热捧，庄家们完全就像追时髦的潮女，尝的仅仅是那份风口浪尖的新鲜。再比如，像那些拟合目标指数并跟踪其变化的指数型基金则完全可以划分到‘趋势班’，即在特定的市场环境下进行适当的波段操作以赢取中短期收益，诸如沪深 300、上证 50、深证 100 等指数基金皆属此类。”

“吕昊一直就这么严格执行‘股票分班制’吗？”冷越十句话里有八句不离这个名字，所谓“针尖对麦芒”不过如此。

“可以说他从第一次交易至今始终践行着这一制度，你是真的不知道？”

若不是大文亲口告诉他，冷越无法相信曾经共同奋战股场的所谓“朋友”，竟虚伪到如此登峰造极。而自己，竟也实在得这般无与伦比。

“没有规矩不成方圆，而投资更要讲原则守制度。依然拿吕昊举例，他通常的持股个数在两三只，划归为‘价值班’与‘技术班’。前者在选股上‘盯住价值’，而后者则更倾向于‘盯住价格’。具体到选股上，能被吕昊放进**“价值班”的股票必须满足如下三个条件，即现阶段价值被低估、未来至少五至十年盈利增长可期且具持续性、所处行业发展前景确定**。于是贵州茅台与民生银行便成为他的长期持有对象。虽说吕昊并不相信那种如巴菲特般跨越几代人的超长期持有，但至少他能做到在周密考察甚至实地调研后，坚定持有五年以上而不惧股价中途的涨跌。而对于'**技术班**'，他又用了截然相反的手法，**即跟随市场题材热点转换，寻找那些能够迅速以更高价格脱手的股票，且操作上秉承'稳、准、狠'三字法则**。也就是在进行热点炒作的过程中力求选股时心态稳、出手时不犹豫、了结时狠下心。事实上，吕昊真正交易的只是'技术班'里的个股，可即使如此也做不到像你这样日日交易的频次。

"不瞒您说，我对'长期持有'这一概念始终心存疑惑。"冷越同样以例为证，"倘若一只股票的庄家是在10元这一价位开始吸货，而待未来股价涨至20元时，庄家卖出50%的股票，至此，庄家的持股成本实际上已经完全归零了，即使接下来股价跌到1块钱，庄家也还是有钱可赚，但对于长期持股不动的散户们来说依旧会亏，所谓的价值投资到头来看不到任何'价值'。"

"你要明确一点，一只股票究竟是否值得长期持有，是否能在较长时间内获取不错的收益，主要还是看这只股票的股本扩张能力有多强，而你所举的例子恰恰错误理解了价值投资的含义。大文转而放慢语速，**价值投资事实上是对当下价值被低估但未来盈利增长可期的一类特定股票的长期持有，而非对任何一只股票的长期持有都算价值投资**。再简单点，价值投资绝对不是用持有期是否够长来衡量的。"若将大文的这句话转换成文字，一定是荧光笔下映衬的重点，因为它几乎颠覆了冷越对价值投资的一贯认知。

“不得不佩服吕昊投资上的油滑老道，若不是背后有高人指点，我绝对不相信他是个入市年头不长的新股民。”冷越嘴上说着佩服，心里却在不停谩骂。

“股市盈亏与否与实战经验多寡固然有关联，但并不绝对。还是那句话，只要‘按规矩办事’，不越‘雷池’半步，并做足功课与总结，无论投资年限长短都能盈利，只是赚多赚少的问题。**所谓‘按规矩办事’除了对所持个股严格按股性‘分班’外，还包括制定一套精确至百分比或具体价位的止损止盈‘抛售标准’**。这便涉及万人皆可用的**‘壁虎生存法’**，即当遭遇危机时，一味抵抗或挣扎只会让损失逐步扩大，而只有像壁虎一样毫不犹豫地切断自己的尾巴逃脱才能迎来新生，因为过不了多久新尾巴就会重新长出。故及时止损认输是避免招致更大损失并赢取新机遇的最有效防御手段。具体到实操，你可以参考K 线形态等指标趋势进行技术角度止损，同时亦可以选择在一些敏感时间点或重大事件时间点进行时间角度止损而不论价格如何都出仓。此外，还可以不参考任何技术分析和阻力支撑位，只依据自身所能承受的最大亏损极限进行心理角度止损。**一般来讲，技术止损、时间止损与心理止损，前两个属软性止损法，后一个则属于硬性止损法，对于少部分懂得止损的新股民而言使用心理止损法的频次较多**。所谓‘会买的是徒弟，会卖的是师傅，会止损的才是赢家’，足以说明止损对于盈利的重要。”

“说完止损再来看止盈。”大文尽可能面面俱到。

“炒股还需要止盈吗？谁不想趁着股价上涨多赚点儿。”冷越因为不理解而打断。

“你可以回想下，自己炒股以来有没有遇到过明明赚了钱，却又在随后突如其来的下跌中淹没了赢利甚至吞噬了大部分本金？即便带着憧憬继续等待或加仓平摊成本，可股价依旧头也不回地继续下探，最终使你不得不割肉离场。

冷越当然深有感触，不只自己，在 A 股一泻千点的过程中，无数未及时撤离的难兄难弟都跟着坐了由盈转亏的过山车，至今想起仍心有不甘。看来，人不可过贪，止盈也有其存在的道理。

“止盈的重要性不亚于止损。就好比你从一层搭乘电梯去四层，事实上你只需要在四层下就已达到乘梯目的。可你偏要跟着电梯继续往上行，期望看见更高楼层的风景。然而当电梯升至 15 层时，你仍旧没有下来的意愿。于是电梯便开始下降，经过四层、一层都未停，却最终停在地下车库。这一‘**搭电梯理论**’若映射至股票投资就更显而易见，它很好地说明了**不及时止盈的后果——不仅达不到预期目的，甚至最终落脚点比买入价还低，故设置止盈点可以有效实现自身利益最大化**。你可以通过设定涨幅后的回调比例，或在涨升中逐级调高出仓价位，或尊重大概率机会待一个上涨周期完成后果断了结。以我对吕昊的观察，他在止盈和止损方面非常‘教条’，而这种‘教条’正是让他在波谲云诡的股市里轻易实现趋利避害的大前提。”

“难怪。他是处女座，本身就有点轻度强迫症。”

“可止盈止损恰恰需要这种强迫，能抑制住贪婪与侥幸的强迫。”

冷越不再辩解，因为从现阶段的投资收益看，吕昊是赢家。无论怎样，赢家都有值得学习的地方。他示意大文继续分析。

“我刚才讲的只是如何在操作过程中‘按规矩办事’。接下来依然很重要，即怎样才能不越‘雷池’，也就是避开极易导致亏损的误区。”大文凭借多年来接触中小投资者的经验，总结出**散户频繁触碰的七大误区**。她一面掰着手指一面说，“第一是投资过于分散，在资金有限的账户中股票数量超过 10 只。这在新股民中尤其常见，因为他们总以为持有个股数量越多就越有可能盈利，却丝毫不知当个股数量持有较多时，不仅让资金过度分散，同时也增加了操作负担。一旦大盘遭遇调整，个股将无一幸免。这与期货投资的多品种开仓截然不同，因为股市只能单边交易。第二是热衷于打探和跟随消息并奉之为盈利捷径。尽管近些年股民的理性度逐年提升，但难免也会在分析过程中参考一些小道消息。尤其当某个假消息出自某个信赖的人，那么套牢亏损也就无法避免。第三是盲目急躁缺乏耐心，导致‘股市急性子’们买入后恨不得立即就涨。这其中，一些不留神‘左侧买入’的人更难以耐着性子等待接下来漫长的股价盘整期，于是割肉换股。反复数次后，资金也就被折腾得‘大伤元气’了。第四是追求完美，总是期盼买在最底处、抛在最高处。而这种‘理想主义’恰恰是多数股民亏损的思想源头。第五是不会空仓等待，有钱就恨不得变成股票，踏空总比挨套难受。类似股民，你我身边都不在少数。他们常常打探‘下一个热门板块’，似乎资金只有进入股市才安心，哪怕市值随着市场调整而上下浮动也无关紧要，只要不踏空心里就踏实。可越不懂得‘休息’往往到最后赔得越惨。第六是胆子过小，但凡强势股一涨就害怕，只能挣些小钱。也许是历经市场的风雨洗礼，很多‘亏怕了’的人胆子变得越来越小，买了股票只要出现大幅上涨的迹象就恨不得立即抛出，于是错失掉强势股的飙涨，只赚得区区几十元或几百元的蝇头小利，难以弥补曾经亏损的硕大窟窿。第七是在趋势看错时不认错，死扛。很多股民其实都有这样的观点，认为股票不同于期货，没有爆仓之说，即便下跌也终究有涨回来的一天，于是即便看错趋势买错股，也舍不得止损割肉而选择遥遥无期的等待，由此导致了更深幅度的套牢，错过了无数本可以盈利的机会。总之，犯错不可怕，可怕的是明知有错却依旧走着错误的路线、沿袭着错误的方法。”

冷越发现，自己除第五条外，其余‘雷池’踏全了。若不是大文的紧急纠偏，他恐怕还要继续执迷不悟下去。

“从现在起，你永远不要再跨越‘雷池’半步，否则真的会一直输下去，除非你与股市彻底绝缘。”大文近乎警告式的口吻，让冷越不敢丝毫怠慢。他甚至用手机将上述七条简单记录下来，随时随地以省自身。

门内陆续有人出来，昭示着典礼的结束。没多久，清冷的走廊已是人声嘈杂。于是冷越和大文心照不宣地来到一楼大厅，点了磨铁，继续着之前的话题。

“该说如何做足功课与进行定期总结了。”冷越提示着，唯恐错过任何一个可能助其反败为胜的方法。

“笼统讲，主要做的功课是两方面：一是与投资相关的基本常识与技巧应用，二是针对某一行业或目标个股的详细研究。毕竟炒股是项技术性很强的‘游戏’，参与其中必须要掌握多方面的知识与信息，并在实践中进行正确运用。比如从哪些方面去评判一只股票的成长性，哪些指标又是买点将至或即将走坏的重要提示等。这些都需要投资者在博弈前进行充分了解与学习，它就像战士手中的兵器所向披靡、无往不利。所以，在你决定出手前，务必多借助各种公开信息进行综合考量。包括交易系统里的股票档案、专业网站的相关分析评论、上市公司的半年报和年报，甚或赴目的地调研考察，以更清晰掌握上市公司主营业务及产品。当一番综合分析后，确定要买某一只股票，那么接下来的功课就是找寻最佳买入点了。一般来说，漫长熊市过后的新一轮行情来临前多数股票都已跌破净资产，以中远期的视角看买入这类股票未来皆有翻倍机会。反之，如果行情已处牛市中后期则多数股票涨幅过大，故购买时要格外慎重。至于如何**确认具体买点，建议依从‘低买原则’**，即短线的低买要细分至分时图上每小时的时间单位，而中长期的低买则细分到日、周甚至月的时间单位。所以在制定具体操作计划时，‘价值班’、‘技术班’与‘趋势班’在确定买点时是不同的。**通常，‘低买’的思路有两种：一种是选择下跌趋势的转折买入，另一种是选择上升趋势的延续买入**。细化讲，下跌趋势的转折包含两种形式:一种是股价历经一段时间的下跌后趋缓并开始筑底震荡，另一种则是股价再次破位的尾声强烈诱空后强烈反转，且是直接转为上升的反转。而上升趋势的延续也包括股价延着上升方向继续迈进和短期回档之后继续盘升两种。你需要找寻下跌趋势末端与上升趋势的开端或中端，但需要结合大盘整体运行情况判断再次探底的可能性，最好的方式是分批建仓，逐步低位补仓。”

“我曾听股友说，对于大盘走势的预计可结合股指期货的价格发现功能，尤其对于个股短线博弈及指数型基金投资均有帮助。是这样吗？”

冷越的“听说”很快在大文口中得到了确认。

“股指期货作为期货的一个品种，具有期货的最基本功能，即发现价格的功能。因为通过在公开、公正、高效、透明的期货市场，众多投资者的竞价交易，有利于形成更能反映股票真实价值的证券市场价格。从目前中金所推出的股指期货交易时间来看，我国的股指期货交易开盘时间在 9:15，收盘时间在 15:15。开盘时间比证券市场要早 15 分钟，而收盘时间则比证券市场晚 15 分钟。在股指期货开盘后的 15 分钟交易时间段，众多投资者把自己收集的各种影响股票市场价格的信息和对股票价格判断，提前在股指期货市场通过交易的方式进行了交换，使得股指期货形成的价格也就更具预期性，进而对现货市场的股票指数产生影响。若对比股指期货发展较为成熟的香港、美国等地，投资者们往往先看股指期货价格走势，然后再决定股票的买卖。也就是说，通过股指期货和证券市场的开闭市时间差，关注期指价格的涨跌变化，对做好股票投资决策很有帮助。”

大文如品酒般抿了口眼前的咖啡，但刚想放松下来的她紧跟着又意识到什么，“对了还有，炒股要做好定期总结。”

“就是总结这一阶段究竟是赚了还是亏了吗？”

“这是‘总计’不是总结。盈亏百分比只证明你某一阶段的投资成绩，它是一时的、可变的。然而很多人在投资失败后总是急于翻牌，顾不上总结就轻易投入到下一次交易，如此反复便与盈利越拉越远。所以，你需要从之前的操作中总结输赢经验以不断提高自己的胜算率，建议你每周、每月、每个季度、每半年、每一年都要根据自身操作情况进行盘点总结。看看自己这只股为什么能赚，另一只股又为何亏了，究竟是选股失误、买卖失误，还是心态问题？尽量强迫自己做到一次错误坚决不重复犯第二次，力求将其扼杀于幼苗，否则一旦将错误演变成习惯就很难扭转了。”

大文又抿了口磨铁，“今天所说的、所讲的、所列举的，如果都完全消化并在实战中严格践行的话，便意味着你离盈利真的不远了。”

“他吕昊能做到的，我冷越也定能做到。”那一刻，冷越的信心瞬间倍增。

因吕昊婚礼而邂逅的冷越与大文，自此之后便成了朋友，冷吕二人间的比拼也因有了大文而变得更加透明。

曾经，同一只股，冷越只要买了就总会以亏损告终。但如今，深谙“股场道法”的他不但做到收放自如游刃有余，而且还自行摸索出一套挑选优质长线股的思路。

首先，选择发展速度最快、发展前景最为看好的朝阳产业，因为企业价值的增长往往需要建立在行业的高增长基础上，且行业的商业模式要好。比如，寿险与航空这两大行业就显著不同，全世界航空公司破产的案例非常多，但寿险公司就比较少。毕竟不同行业的经营模式与不确定性明显不同，企业创造价值也会有较大区别。此外，生产有需求的产品也很重要，比如生产微软产品和生产一般纺织品的企业，所面临的行业竞争显然不同。因为有壁垒的产品可以使企业从价格战、服务战、广告战等激烈的竞争中隔离出来，企业更容易创造盈利回报股东。其次，选择那些有卓越管理的公司。因为一个富有创意和严格执行力的管理层是公司快速发展的关键。再次，选择盈利历史比较稳定，能够为投资者创造持续均衡收益的公司。最后，选择财务稳健的公司。最核心的是要考察公司的资产、负债，及现金流情况，同时注意数据的横纵向比较。比如，究竟某公司资产负债率60%是好还是不好？当年利润8000万是多还是少？一个孤立的数据并不能看出问题，必须要与同行业类似的公司比较、与此公司往年的报表比较。

时至今日，即便行情依旧震荡回旋，也难以阻挡冷越盈利的脚步。原来，谁炒股都一样赚，只要像吕昊那样掌握了方法，坚持了原则。

【财人新计】

在日常生活中解决处理问题，选对方法很关键，股票投资同样如此。

不论是巴菲特还是索罗斯，之所以能够成功，皆因他们始终如一地秉承着自己的投资信条与操作理念，而绝非在购买个股后不坚持初始理念、依据行情在价值投资与趋势投资间“两头游移”，但可以肯定，目前市场上绝大多数股民皆属此类。当他们遇到市场触底拉升时，会用价值投资者的思维进行布局选股，以长线投资策略予以应对。可一旦中途个股遭遇回调，他们往往又按捺不住性子而选择获利了结或割肉，趋势投资的特点显露无遗。于是这些“双料炒家”们频频失手，直至在股市中完全迷失。故投资者须结合自身知识结构、性格特点，以及对市场的理解选择最适宜自己的投资信条。

比起投资信条的专一，在对市场的分析方法上则大可“花心”一些。虽说市场中有效的分析方法不少，却没有一种方法能捕捉到所有的投资机会，且这些分析方法也都存在着或大或小的缺陷，甚至不排除是致命缺陷。比如，基本分析法能够比较全面地把握股票价格基本走势，但对短期市场变动并不敏感；技术分析虽贴近市场，对于市场短期变化反应快，却难以判断长期趋势，特别是对于政策因素很难有预见性。由此可见，基本分析和技术分析各有优缺点和适用范围，即基本分析能把握中长期的价格趋势，而技术分析则为选择短期买入和卖出时机提供参考。因此，建议投资者在坚定操作理念，坚持投资期限与投资目标不动摇后，将各种分析方法有机结合起来，有所侧重同时参考其他分析方法，以实现投资收益最大化。

除此之外，投资者还应做好长线、中线和短线的资金分配，也就是按投资期限的长短划分制定好比例，包括长线投资、中线投资和短线投资的具体资金配比。详细来讲，长线投资是通过长期持有股票以享受到优厚的股东收益，其投资对象通常是目前财务状况良好且有发展前景的优质上市公司股票，它可以是大盘蓝筹股，也可以是中小盘成长股。但需要再三提醒的是，用于长线投资的这部分资金，理应本着“放长线钓大鱼，不达目的绝不罢休”的持有信念。相较之下，中线投资一般是将几个月内暂时闲置的资金进行投资，投资对象多是那些预期数月内能有良好盈利的股票。而短线投资锁定的目标股则是那些股价起伏甚大，几天内就可能出现大涨的股票，比如一些题材消息股。

事实上，在做好期限分配的同时，品种搭配方面也必须注意均衡。尽管眼下多数家庭在理财大类配置上都清楚“不要将所有鸡蛋置于同一个篮子中”的分散投资道理，但具体到单一品种的投资却往往违反着“均衡配置”原则。比如，一些急于解套的投资者会将每日涨幅榜作为次日操作的重要参考指标，于是当某一板块在一段时间内的表现强于大盘时便不惜购买同一板块中的多只个股。这样一来，由于配置上过于单一，但凡板块遭遇调整就会全军覆没。

追根溯源，股票投资的根本目的追求的并非是短期超额回报，而是细水长流式的增值。但这种可持续盈利需要的并非只是技术、运气、消息，它在很大程度上考验的是投资者的投资信条、操作方法、买卖原则和一份平和的心态。

第二篇　小夫妻的忧心

面对生活，有的人“混日子”，有的人“过日子”，还有的人“品日子”。当爱情里的浪漫奢侈被生活中的柴米油盐冲淡，当花前月下终结于锅碗瓢盆，又有多少小夫小妻依旧保有恋爱时的小资小调？其实，把日子过成“上品”并不难，就看你把有限的精力用在哪儿，是耗费在婆媳过招儿、监控另一半上，还是学习理财知识呢？

“财检”果真比婚检重要吗

曾经，若依以为，相爱的两个人除非一方出轨，否则不会轻易离婚。

可现实的残酷告诉她，这样的“以为”只是“婚姻魔方”里的一种可能。

走出民政局大厅的若依，突然有种久违的释然，但很快就被强烈的孤独感团团包围，唯一能感知的只有冷风、凛冽和刺痛。

“我和宇默离婚了，刚办完手续。”

接到短信的大文，心不由一颤。为安抚好友，她临时取消了下午的工作，带着一肚子问号直奔若依家。可就在进门的一瞬，她的心又被惊得揪了起来：20 平方米的客厅，挤满了大大小小的箱子，从玄关一直延伸至玄窗，没有地方可以落脚。而每个箱子外侧，皆用黑色记号笔标注了价格，甚至连头顶上的吊灯都有 A4 纸大小的价签。冷冰冰的数字和着大地色的纸箱，生硬呆板，让人根本不会与“家”联系在一起。

正迟疑着如何走进去，忽然有双冰冷的手从身后将大文紧紧抱住。

是若依，一个满眼泪痕、形色枯槁的若依，一个抽泣、无助、渴望找人倾诉的若依。

大文清晰记得，半年前的某个周末，若依兴奋地告诉她，要和宇默结婚。虽说彼此只交往 3 个月，但若依无比坚定地确信，如果错过宇默，也许会注定一辈子孤单。

“他是个有责任感、有事业心，做人处事都坚守原则的好男人。他不吸烟、不饮酒、不乱花钱，是做老公的不二人选。最重要的是，他爱我，我也爱他。”那天，夕阳下的若依在说这话时，眼神泛着幸福的微光。

就这样，在短短3个月，有限的12次约会后，若依冲破周遭人的重重阻挠，闪嫁给了英国帅哥宇默。然而，大文未料，与若依再次见面的今天，这段跨国婚姻已成历史。前后半年间的戏剧性变化，别说当事人，就连旁观者都觉得像晴天霹雳。

“一定是他出轨了，宇默这个混蛋！”大文忿忿然鸣不平。

“没有，是我提出来的。”若依声音细小而沙哑，眼神空洞而呆滞。

“可是，你曾无数次肯定地说过，他就是你一直要找的完美老公。怎么可能这么快就……”大文不忍说出“离婚”两个字，怕再刺痛若依滴血的心。

“以前在一起，我感受到的是快乐，可婚后，一切都变了。”若依突然停顿，似在整理思绪，因为她不知道接下来该以怎样的方式向大文诉说。顷刻间，凌乱的大脑闪现出那些琐碎的片段，是宇默和若依的对话：

“依，既然我们是夫妻，就应该互敬互爱。所以，请不要随意破坏我的原则。”

“原则？你的原则说白了就是划清金钱界限，就连去超市都要AA制，精确到几元几角！我无法理解，更接受不了！”

“在国外，AA制生活很平常，并非你想的那样。知道吗？它能促使婚姻中的男女永远保持地位上的平等与人格上的独立，不会因任何一方经济上的完全依附而出现婚姻危机。”

“可在中国，结婚就意味着我们不再分彼此，不会连一袋面、一罐黄油都要和对方掰手指算清。宇默，如果你爱我……”

“依，我爱你，向上帝发誓。但在金钱问题上，我不想妥协。”

当听完若依断断续续的讲述后，一种莫名的自责感让大文一时语塞。

“不怕你笑话，短短半年的婚姻生活，我们大吵小闹过 20 多次。记得有次聚会回家，他顾不上换鞋便径直跑到写字台前列清单，上面用中国字七扭八歪地写道：本周聚会，若依欠餐饮费 370 元。”说着，她冷笑起来，“还有次打车，他竟当着司机的面只支付了一半车费，弄得我非常尴尬。临下车时，司机抛了句：姑娘，以后结婚可别找这么能算计的老公！我曾因为爱他尝试过妥协，但违背内心的被迫坚持让我近乎崩溃。离婚，或许是唯一的选择。不过我还要和他处理完这些共有物品，才算彻底解脱。”

若依环视着厅里凌乱的箱子，冷笑渐渐变成苦笑。

“你们恋爱时，他也这样吗？难道曾经送你的礼物也要你以同等价格还他？”大文很难想象，宇默在做这些时，与他的绅士外表和白领身份是有多么不搭调。

“如果恋爱时和婚后一样，我怎么可能嫁他？但确实，相比之前交往过的男友，他不算大度。可我毕竟不是拜金女，我爱的是人，无关金钱。”若依说，她甚至一度认为男人不大度是会过日子的表现，现在想来，傻得可笑。

大文很后悔，后悔当初应该提醒好友，除了对宇默的品性、为人了解外，还要搞清其金钱观及婚后的理财观。毕竟在未来漫长的婚姻生活中，赚钱、存钱、投资、理财等一系列问题无时无刻不伴随家庭成长，如果夫妻二人的财富理念格格不入甚至大相径庭，久而久之极易诱发矛盾致婚姻关系破裂。但事已至此，再多的自责也无法挽回若依逝去的爱情。大文唯一能做的，只是让好友今后不再走弯路。

隆冬的阳光透过玄窗斜射进来，洒在身上，虽不烈，却倍感温暖。

大文一面整理着若依散乱的发丝，一面娓娓道，“半年前，或许你觉得组建家庭的前提只是彼此相爱，但今天，你还会这么认为吗？物质世界里，我们可以不做拜金者，但不能没有理财意识，更不能在没有了解清楚对方理财观的情况下就草草决定以身相许，这是对婚姻的不重视，也是对自己的不负责。就好比男女双方需要在婚前进行婚检，以确保日后生下健康的宝宝，而‘财检’亦同样，它能保证婚后家庭资金正常流转，合理运用。也只有婚前做好‘财检’，婚后才能‘捡’来财富。”

见若依听得入神，大文索性继续剖析。

“通常情况下，**婚前财产检查包含两大部分，即男女双方的‘财富性格’与‘财富处置’**。而所谓‘财富性格’，说得直白些就是一个人的日常消费习惯、是否有存钱意识、是否已经开始注重理财等，如此一系列的问题设置可以迅速掌握他/她的‘财富性格’究竟是外向激进还是内向保守，倘若男女双方在这一点上南辕北辙，短期内也许相安无事，可一旦遇到资金问题，矛盾极易爆发。我就曾遇到过一对夫妻，老公属于花钱毫无节制、缺乏计划的外向激进型，而老婆则恰恰是个贤妻良母，属于能省则省、不花一分冤枉钱的内向保守型。刚结婚时，老婆偶尔会因为看不惯老公的大手大脚而吵架，却并未影响到夫妻感情。然而，随着孩子出生，家庭开销陡然增大，老公的慷慨消费一度被会过日子的老婆强烈限制，时间一久，君子动口也动手，最终只能分道扬镳。所以，我建议你在开始下一段婚姻前，务必弄清对方的‘财富性格’是否与你接近，如果再像宇默一样南辕北辙，趁早不要投入感情。”

“原来以为，我可以克服信仰、饮食、生活习惯等方面的差异，可我唯独没想到的是彼此金钱观上的格格不入。那如果‘财富性格’相近，‘财富处置’部分的测试又包含哪些呢？”若依暂时切断忧伤，与友人的思路保持一致。

“‘财富处置’是婚前‘财检’的另一个重要模块，男女双方需要合理评估未来的生活费用，并对婚后的资金处置发表各自观点。比如，甲乙结婚涉及贷款购房，我一般建议二人婚前至少明晰以下三个问题：其一是房本署名；其二是还贷方式选择和由谁作为主要还款人；其三是对于每月扣除房贷后的结余如何运用。又比如，丙丁婚后要与一方父母共同生活，那么日常生活费用是由小两口全额担负还是按月补贴给父母？短期内是否考虑购房？如果购房首付不够如何解决？诸如此类疑虑必须要在婚前逐一消灭，否则都将是未来生活的矛盾引爆点。”

“我就是个被爱情熏晕头脑的傻女人，竟从未想过这些问题。”

聆听中的若依突然发自肺腑地蹦出句心声。

类似的话，大文听许多人说过。似乎在人们的意识中，理财观是否相近并非择偶的参考条件，甚至像若依一样纯粹地认为真爱面前一切已不再重要。可现实中很多失败的婚姻都说明，忽略“财检”环节的夫妻往往更容易产生不可调和的矛盾，因为在消费理财上养成的习惯远比生活习惯还难扭转。

两个人，两杯水，就这样一直聊到午夜。用若依的话说，“这是一次最有价值的聊天。”

在周遭热心“红娘”们的牵线下，离婚后的若依开始了漫漫相亲路。她的择偶条件很简单：善良、孝顺、身体健康、事业稳定、性格相投、财富观相近。至于对方是否有房有车有存款，是否离婚带孩子，皆不作为重点考量指标。有朋友笑若依“很傻很天真”，不懂得借助婚姻来提高生活品质。但若依却认为，即使嫁给一个“钱包”老公，而他的财富观里只有自己花天酒地享乐人生，不仅不肯为家多付出一分，还很少在妻子身上投入，这又何谈幸福？更何谈提高生活品质？

数轮“海选”之下，能被若依列入交往名单的只有“会计男”和“化学老师”两人。凭借聊天留下的初步印象，二人的综合素质不分伯仲，但若依明白，有限的了解尚不足以察觉出问题。恰如当初和宇默短暂的交往，根本想象不出其婚后竟算计到这般令人发指的地步。

难题不得不扔给大文。

“我想提前做个婚前‘财检’，分别和他们两个人。因为我实在无法抉择到底与谁更适合朝着婚姻方向发展，总不能吃锅占碗都做恋人吧。”若依在电话中开门见山。

“除个人品性符合标准外，挑选有房有车的总比‘三无人员’更靠谱。”大文担心好友陷入“财检”误区，刻意避而不答。

“可他们都有房有车。‘会计男’是头婚，计划今明两年买套80平方米婚房，首付款已就绪。而‘化学老师’离婚未育，现有两居室正在偿贷，平米数相当。车辆方面，二人均有价值10万元左右的代步工具。老爸建议我选择‘会计男’，毕竟对方没有婚史相对简单；而老妈则偏向‘化学老师’这边，认为离异的人会更懂珍惜。如此一来，我也只能考量他们的财富观，看看谁与我更匹配。”前车之鉴下，若依将抉择的最后一粒砝码压在了“财检”上，话语中充满渴求。

大文未再阻拦，只提醒若依，婚姻大事还须综合权衡，千万别一“测”定分晓。

放下电话后的几分钟，若依收到了大文的邮件，是份详细的试题问卷。

以下是准婚男女的财检测试题，包括两大部分，请测试者根据自身情况如实作答。

第1部分　财富性格

1. 你现在手头有多少储蓄？（　　）

A. 精确地知道

B. 知道个大概

C. 完全没有概念

2. 你的收入主要用在哪儿？（ ）

A. 大部分存进银行

B. 全花光

C. 进行多项投资钱生钱

3. 对于每月花销，你通常抱以何种态度？（ ）

A. 心中没数

B. 只要不透支就不管

C. 有计划地合理安排开支

4. 在购置大件商品时，你会怎么做？（ ）

A. 货比三家，选性价比最高的

B. 选大品牌，不在乎价格

C. 能用就行选最便宜的

5. 每次逛商场，你会怎样？（ ）

A. 狂买东西，回家后才发现很多都是没用的，于是被长久闲置

B. 大致买些需要的东西，随性而行

C. 有计划地精确购买，并巧借打折促销活动省钱

6. 你对于请客吃饭的看法是怎样的？（ ）

A. 在可操纵的范围内尽量挑好的

B. 量力而行，不给自己添负担

C.面子比口袋重要，借钱也得请

7. 如果买房，你会如何筹钱？（ ）

A.按揭买房，量入为出

B.看中就买，没钱找人借

C.攒钱一次付清不贷款

8.你对目前存在的理财渠道和理财方式进行过专门的关注与了解吗？（ ）

A.有

B.无

9. 你所知道的投资项目有几个？（ ）

A.5 个以上

B.2～5 个

C.只知道放在银行生利息

10. 目前，下列哪种理财工具是你熟悉的？（可多选）（ ）

A.储蓄、国债　　B.股票

C.基金　　D.期货

E.保险　　F.信托产品

G.银行理财产品　　H.房产、珠宝、收藏品等实物

11. 以下哪种理财方式是近两年内新选择的？（可多选）（ ）

A.储蓄、国债　　B.股票

C.基金　　D.期货

E.保险　　F.信托产品

G.银行理财产品　　　　H.房产、珠宝、收藏品等实物

I.其他　　　　　　　　J.依然没有概念

12．无论是有意识还是无意识，你是否进行过投资组合？（　　）

A.是

B.否

13．如果你已在金融市场进行风险投资，你的投资行为是怎样的？（　　）

A.愿意承受大幅波动风险，注重短期获得高收益

B.投资时间较长，注重获得长期的投资收益

C.非常注意风险，希望在较低风险下获取稳健的收益

D.害怕风险，注重获得相对确定的收益，不追求高额回报

14．假设目前有一个不错的投资机会，但需要借钱，你是否接受贷款投资？（　　）

A.绝对不会

B.也许

C.会

15．如果与恋人结婚，对于结婚开销，以下哪一项最符合你的心意？（　　）

A.婚嫁必须依从传统，男方承担绝大部分，哪怕暂时借钱

B.在男女平等的当今社会，结婚开销应平摊

C.哪方经济能力强，哪方就多出

（在第1部分测试中，若被测男女双方过半选项都不统一，就

需要坐下来好好谈一谈了。）

第 2 部分　财富处置

以下测试中的陈述句，只要与你的想法一致，就请在前面的方框中打勾，可多选。

1. 婚前财产公证看法

□ 我赞同婚前财产公证，对双方个人财产进行明晰界定

□ 我觉得婚前财产公证不会影响夫妻感情

□ 我很排斥借婚姻拥有财富

□ 如果另一半不愿进行财产公证，我会想方设法劝说

（这一维度打勾越多，表示被测者越重视个人财产的归属；而打勾越少，则表示对婚前财产公证秉承着无所谓的态度。）

2. 财务安全态度

□ 我非常重视自己的财务安全状况

□ 我会精打细算、考虑再三再消费

□ 我保持着将每笔支出记账的好习惯

□ 我的信用卡很少出现刷爆的情况

（在这个维度上打勾越多，表示被测者对待金钱的态度越谨慎，不随便乱花钱；而打勾越少，则表示在金钱上常率性而为不假思索。）

3. 迷恋金钱程度

□ 对我而言，金钱意味着成功、独立和自由

□ 拥有金钱、积累财富是我生活中很重要的目标

□ 与参加亲友聚会相比，工作赚钱往往对我更有吸引力

□ 我不同意婚后由另一半掌管财务，要么我管，要么各管各的。

（对方是不是“财迷”或“吝啬鬼”，通过这个维度便可略知一二。若打勾越多，则表示测试者越享受财富积累带来的快乐感受；打勾越少，则表示较不依赖金钱。）

4. 财务坦白程度

□ 我会定期和家人讨论自己的财务状况

□ 我很乐意与朋友分享自己的理财情况

□ 我认为与亲友分享财务状况是件很自然的事情

□ 我不太主张甚至反感与亲人朋友 AA 制

（在这个维度上打勾越多，则表明被测者乐意与亲友分享自己的理财现状；而打勾越少则说明更倾向于将此作为个人隐私、秘而不宣。）

5. 日常储蓄态度

□ 我会经常关注省钱的各种方法

□ 我会为自己节省下的每一笔钱骄傲不已

□ 与投资理财相比，我认为节俭和储蓄更重要

□ 为了多储蓄，我愿意以降低生活质量或减少朋友往来为代价

（若被测者在这个维度上打勾越多，则意味着更倾向储蓄而非花销；打勾越少则表明对省钱和储蓄兴趣缺乏。）

6. 投资理财兴趣

□ 我对与金钱、理财有关的话题总是很感兴趣

□ 我对自己的投资理财能力信心满满

□ 我会定期关注与投资理财有关的资讯

□ 我认为非常有必要在婚后构建科学系统的家庭理财方案

（这个维度打勾越多，则表示被测者对投资充满兴趣，相信自己能通过理财有所获利；打勾越少则表示对投资理财并不热衷或没有概念。）

7. 风险投资态度

□ 我觉得自己能够承担股票投资中的风险

□ 我认为只要懂得方法，就能避免损失

□ 股票、纸黄金、期货等应作为风险投资工具列入婚后理财规划

□ 趁年轻可以在中高风险领域多投入些资金博弈

（打勾选项越多，则表示被测者看待风险投资的态度越开放，也相信依靠自己的能力，定能有所获利；而打勾越少则表示对股票之类的风险投资小心翼翼，不敢轻率入市。）

8. 消费贷款态度

□ 如果婚房需要贷款，我主张在双方偿还能力范围内选择总价最低、地点适中的房产

□ 如果贷款购房，首付款由哪方出就写哪方名字，日后贷款也主要由那一方偿还

□ 如果涉及购车，我不主张贷款，因为车是贬值品，有能力就买，没能力就先攒钱

□ 对于婚后使用信用卡贷款，我主张双方设置透支限额，以免影响正常生活

（此项测试如果被测男女双方一半以上的选项一致，证明在贷款问题上分歧较小；否则分歧较大，容易埋下矛盾隐患。）

9. 婚后流动资金处理

□ 我主张婚后建立家庭生活开销账本

□ 对于每月剩余的流动资金，我主张尽可能利用理财工具钱生钱，而不是随便消费掉

□ 若因突发事件导致家庭出现资金紧张情况，我愿意主动缩减或取消自己在烟酒/服装/化妆品/应酬等方面的非必要开销

□ 遇到朋友借钱，我会首先考虑家庭资金状况理性决定，而非只顾义气或面子

（此项测试如果被测男女双方一半以上选项一致，证明在婚后流动资金的处理上分歧较小；否则分歧较大，容易埋下矛盾隐患。）

10. 婚后大额资金处置

□ 对于婚后积攒出的大额资金，我会优先考虑创业，拥有一份可以主宰的事业

□ 对于婚后的大额资金，我会首先换辆好车，然后带家人旅行，尽快享受生活

□ 对于婚后的大额资金，我会将其中的大部分进行高收益投资，快速养肥这笔积蓄

□ 对于婚后的大额资金，我会将其中的大部分用来购买保本理财产品，赚取稳定收益

（此项测试如果被测男女双方选项不一，则表明在规划大额资金方面看法不同，需要充分沟通。）

注：当你和你的他/她进行完全部测试后，请将测试结果第一时间回传给我，我会对你们进行综合评析。不要怕麻烦，因为只有将金钱价值观进行全方位梳理后，你才能更深入地认识自己并了解他人，以规避婚后可能发生的家庭金钱大战。

三天后，若依将打印好的三份测试叠放在大文办公桌上。

“这两个人似乎都不适合我。”若依用略带失落的语气说道。“‘会计男’过于保守，而‘化学老师’又过于激进。没有一个是我这样的‘正常人’。”

“那你说说，他们是如何保守，又是怎么激进的呢？”大文一边翻看测试结果，一边和若依交流着。

“打个比方，‘会计男’每月收入的大部分都存进银行，每次逛商场都有计划地精确购买并巧借打折促销活动省钱，请客吃饭量力而行不给自己添负担，在投资上害怕风险不追求高额回报，宁愿错过也绝对不会贷款投资；而‘化学老师’则恰恰相反，他是个‘月光族’，消费无节制，很多买来的东西都被长久闲置，对于请客吃饭始终认为面子比口袋重要，投资方面愿意承受大幅波动风险，只要项目合理就会考虑贷款投资。可以说，两个人一南一北，对待同一问题有着截然相反的态度。相比之下，我显得很

中立。”若依长舒了口气，感叹称，“难怪都说‘恋爱虽易，婚姻不易’，看来我和这俩人没缘分。”

“其实你该高兴，找到了一位模范丈夫。”大文故意卖着关子，若依一头雾水。

“财检测试，不要只看对方与自己在逐个选项上是否一致，而应具体问题具体分析。”大文调了下坐姿，一字一句道，“从目前的测试结果看，‘化学老师’肯定不适合作为结婚对象，即使他在婚后生活中有所改变，也只是财富激进程度上的变化，不可能奢望其成为保守型。而‘会计男’虽与你在很多问题上不一致，似乎更在乎每笔钱的流向与投资方面的风险，但与你前夫相比，绝不是一类人。尽管他爱精打细算，却并不抠门儿。比如，他会定期和家人讨论自己的财务状况，不太主张甚至反感与亲人朋友AA制。他承认金钱意味着成功、独立和自由，认为拥有金钱、积累财富是生活中很重要的目标，但在财务掌权上却并不在乎。再比如，对投资理财的兴趣，他一个不落地全打了勾，而你只选了一个，从某种程度上看，他可以弥补你在理财方面的欠缺。此外，在婚后大额资金处置上，他选择购买保本理财产品赚取稳定收益，这远比你进行高收益投资更靠谱，也更稳妥。综合来看，‘会计男’比你更会过日子，也更善于统筹规划。但如果你决定和他在一起，唯一的矛盾点可能就是结婚开销及婚前财产公证上的分歧，建议你妥善处理。”

“那么，在处理结婚开销及婚前财产公证上，你又有何建议，不妨提前给我支支招。”

“其实，我认为结婚最不应避讳的就是‘财富处置’这一问题，毕竟组建家庭过日子本身就是本‘柴、米、油、盐、车、房、孩子’的经济账。也就是说，男女双方从决定结婚登记那天起，就要涉及婚房、聘礼、陪嫁、婚庆酒席等与金钱相关的一系列现实问题，如果两个人始终避而不谈或在未沟通的情况下双方父母直接见面，很容易因意见不合爆发矛盾。所以，及早沟通就是防患于未然。再者说，既然决定结婚，哪方先提，哪方多出又何妨？”

见若依没有要打断的意思，大文继续重复着不知说过多少次的话。

“很多准婚族都将‘婚前财产公证’纳入敏感词汇，认为其是影响感情的首要元凶，被动接受的一方也许嘴上不语，但心里早已烙下裂印。归根结底，还是看待问题的角度有偏误，甚至将婚前财产公证等同于离婚的前期铺垫。事实上，公证的真正目的是让婚姻多一点理性，给炽热的感情泼点冷水。我见过很多离婚者婚前爱得死去活来，婚后矛盾集中爆发，因为他们无法正视恋爱与婚姻的不同，你和宇默也曾如此。所以，在步入婚姻殿堂前，务必深思熟虑，包括一切你不希望出现的结果。这并不代表你不信任恋人，也并不证明你对爱情没把握，终归世事难料，谁也无法预测十年、二十年后，自己或爱人会发生怎样的改变，那时的想法还会和今天一样吗？很多时候，把敏感问题摆在桌面摊开看，确实是一种对婚姻负责的态度。至于是否影响情感，我觉得并不在于问题本身，而是沟通方式。”

“说得具体些，婚前财产公证的内容都涉及什么？我只知道有这类公证，却并不清楚公证所涉猎的范围。”若依摆出一副刨根问底的架势。

“一般来说，公证的具体内容需要双方自行协商，没有统一的严苛要求。”大文一面说着，一面在电脑里翻找起来，不一会儿，打印机端口便送出一张纸。

“这是一位客户曾经做的婚前财产公证，你可以参考。”

若依接过尚存打印余温的公证书，以学习的心态逐字品嚼起来。

婚前财产公证书

甲方：

××××，男，一九××年××月××日出生，现住××××，身份证号码：××。

乙方：

××，女，一九××年××月××日出生，现住×××××，身份证号码：××。

甲乙双方于××年×月×日履行了结婚登记手续，皆愿共筑爱巢，白头偕老。但为防止最差的结果出现而导致婚前财产纠纷，现双方经过理智协商，就婚前财产达成如下协议。

一、婚前财产范围

甲方的财产：宝马3系轿车一部，行车证号码××××，发动机号码××××；服装加工厂一座（资产总价值50万元）；住房一套（××市××区××路×××号××居民小区×号，面积170平方米）；家具、日常生活用品一套；银行存款30万元。

乙方的财产：银行存款4万元，威志轿车一辆。

此外，为建立家庭，双方共同出资购买了索尼牌 50寸 LED电视一台，海尔立式冰箱一台，LG中央空调一套，双人床一个。

二、婚前财产的权利归属

甲方的轿车和工厂归甲方个人所有，甲方在轿车使用过程中产生的相关费用、责任由其自行承担，工厂生产经营过程中产生的利润、责任由甲方享有和承担；住房归甲方所有，甲方与乙方婚后共同使用，婚后增值或价值下降等后果由甲方承担；甲方的其他财产归甲乙双方共同共有。乙方的轿车归乙方个人所有，使用过程中产生的相关费用、责任由乙方自行承担，存款归甲乙双方共同共有。此外，双方为建立家庭共同出资购置的财产归甲乙双方共同共有。

三、补充事宜

婚后双方各自收入归个人所有和支配，对方不得干预。夫妻共同生活的日常开支由双方分摊。

甲乙双方无其他财产争议。协议经公证机关公证后生效。

甲方：

乙方：

二00×年××月××日

事实上，若依很希望未来的另一半能坦然接受婚前财产公证，并非因为她名下有房有车用以规避财产分割风险，而是其真心觉得，现代社会不论男女都该在婚姻生活中保持精神与财富的相对独立。正如大文曾说，夫妻可以共同生活，好到不分彼此，但绝不能因为对方而失去自我，失去独立赚钱的能力，这一点非常重要。

两个人会意相望，心照不宣地笑着。若依的心，也瞬间钻出了花。

转眼，又到了小雨淅沥的时节。

和着泥土的芬芳，大文收到了若依发来的红色请柬。不出所料，新郎正是“会计男”。

婚礼当天，若依悄悄对大文耳语，“你真准，他会过日子还不斤斤计较，是个理想老公。关键是，我按你的思路统一了所有敏感问题。”

看着好友无以名状的幸福，大文再一次被事业的荣耀感包裹。谁说谈钱伤感情，只要方式正确，摆在桌面总比一再回避好。

【财人新计】

“谈钱伤情”这是讲求面子的中国人普遍认同的“真理”。

由是，因钱而起的矛盾肆意滋生。单说结婚这件事，但凡不好意思谈钱的，十有七八都没有顺利迈进婚姻门槛，更有甚者在举办婚礼的头一天宣告分手，满口抱怨对方不是，并扬言不再相信爱情。其实，婚姻并非爱情的坟墓，而是崭新生活的开始。可既然爱情落了地，又怎能抛开锅碗瓢盆？如果说传统“婚检”是新人们步入婚姻殿堂的健康准备，那么“财检”则是保证未来小家正常运转的“财务准备”。更何况，处在适婚年龄的80后、90后多是独生子女，肩负着更大的养老责任，可由于生活经验不足，缺乏“收”与“支”的理财弦，往往不能马上胜任家庭顶梁柱的角色。而提前进行“财检”不仅有利于他们加快角色转变，更能帮助他们改变依赖性，摆脱自给自足的“月光生活”，建立长远的理财目标。

那么“财检”是否一定要放在结婚登记前进行？事实上，只要感情成熟随时皆可，这毕竟不是中高考，必须规定具体检测日期。彼此只要做好沟通，阐明“财检”的真正目的并非为了间接窥探对方财力多寡，只是单纯为婚后营造和谐生活做“预习”，相信不但不会伤及情感，反而能让爱情更炽烈地燃烧。

经济大权谁掌控更好

从古至今，凡集群之地便会存在权力之争。无论是军营中的王侯将相，后宫里的三千佳丽，还是职场上的中层小官，抑或是家庭内的婆媳夫妻。只要达到两人及以上，争权夺势就在所难免。只是人数越多，争斗就越趋多重性与多元化。还好，当今中国主张一夫一妻制，极大简化了权力争夺的复杂程度。然而，北京姑娘罗紫菡却提出了反对意见——家庭权力之争，若有婆婆“垂帘听政”，那就只能做好打持久战的准备了。

事实上，罗紫菡所指的权力无非就是家庭经济大权。

她无论如何也想不明白，结婚登记的当天下午，相恋六年的老公裴文轩便提出，婚后所有收入由他统一管理，并美其名曰“为家庭财富积累提速”。那言语间，流露出的是一种“猎物到手后任己摆布”的嚣张与狂妄。罗紫菡很清楚，其之所以急着提出这个要求，都是裴母三番五次“威逼利诱”的结果。

她可以理解，理解一个单身女人含辛茹苦养儿教子的不易。她也可以体谅，体谅这位单亲妈妈活着的全部意义除了儿子别无其他。可她想不通的是，结婚证还没捂热，裴母就迅速调入“战斗模式”，撺掇儿子与自己设好防线。难不成婆婆与儿媳自古以来就是天敌？难道小两口过日子大事小事都必须听任“慈禧”摆布？罗紫菡越想越觉得委屈，内心炸开了锅。

此时，距离婚礼举行还有一个半月。这期间，罗紫菡与裴文轩需要在不影响各自工作的前提下，和婚庆公司反复沟通，与典礼司仪不断磨合。大到庆典当天的风格布置、新郎新娘的礼服着装，小到一份请柬的措辞书写、一条丝带的下垂方向，皆需事事俱细。

为保证婚礼前两家人的和谐气氛，罗紫菡选择沉默应对家庭财权的归属问题，即便内心煎熬翻滚，也强装出一副无所谓。时间，就这样在忙碌中加速流逝，转眼便是一个月。

某天，正试穿婚纱时，裴文轩突然问道，“紫菡，这月工资是不是该发了？”

尽管言语平缓温柔，却丝毫不是关心。罗紫菡明白，这话外之音是想说：如果发了工资就赶紧上交！

见妻子不置可否，裴文轩急忙补充，“你留出一些零花钱，剩下的连同我的一并存起来。”

罗紫菡尽量控制语气，保持平和，“那为何不把你的工资交给我，我来统一管理？”

“女人太爱消费，根本留不住钱，过日子不是过家家，任性可不行。”

望着镜中披着婚纱的自己，罗紫菡真有种想要脱下撕烂的冲动，“想当年，你妈只身一人是怎么把你养到今天的？供你一直读到研究生，给你攒足婚房首付，这也叫女人留不住钱吗？”对于老公的逻辑，罗紫菡感到无语。

“你们这一代女人早就没有了上一代严谨持家的美德。”此话一出口，裴文轩似乎意识到什么，连忙说，“当然，也不是完全没有，只是更多女性变得自私自我。她们可以对着满满一柜子衣服抱怨‘没有一件能穿的’，和闺蜜们五天一小聚、十天一大聚，花钱如流水，透支成习惯。我并不是说你，但女人爱购物的天性，没准儿哪天就爆发了。”

“要按你的推论，我还想说，把钱交给男人更不靠谱。谁知他们拿着钱去干嘛，买烟、买酒、买游戏装备算是好的，若拿着钱赌博、吸毒、找小三、包二奶，这日子就别过了。”罗紫菡再也控制不住情绪，更顾不上三七二十一，瞬间泄洪般爆发，“男人打拼赚钱，女人持家管钱，本就天经地义。更何况，女人在婚后不仅要生养孩子、照顾家人、料理家务，同时还要和男人一样在职场上战斗，撑起小家的半边天。总不能人嫁给你了，房子、车子、票子统统都署你的名，那我的安全感从何而来？难道以后买捆青菜都要向你或你妈申请？如果是这样，我还不如回归单身。”罗紫菡情绪激动到差点儿哭出来。

“我是那样的男人吗？管钱还不是为了这个家。毕竟你一丁点儿理财知识都不懂，家里的钱交给你，一旦理不好再亏了，岂不是受累不讨好？男人生来就比女人理性，凡事看得远、想得深。如果你非要管钱，那请告诉我，你想怎么管？又想如何规划？”裴文轩一肚子冤枉。

“这是你妈教你这么说的吧？”罗紫菡冷笑着，“我每月 6000 元，你每月 4000 元，你觉得一个赚钱比女人还少的男人，不想着广开财路提高家人的生活品质，反倒想方设法把老婆的钱圈住，这算本事吗？”

“你别总把我妈扯进来！再说，我明后年就能提升部门经理，到时工资是你的两倍还拐弯！而你不就是个前台招待吗？一点发展都没有。”裴文轩脸色铁青，狭小的试衣间被怒气包裹。

“前台招待怎么了？至少我不像某些人赚昧良心的钱！”

“你！我不想跟你在这儿吵！”

就在几个月前，裴文轩受领导之托为公司购置了一批电脑，并因此悄悄吃掉一笔万元回扣。可没想到，这当今社会本司空见惯的常事，却被罗紫菡上升到性质问题。再者说，这偷偷昧下的钱全花在了婚戒和摄影上，难道有错吗？裴文轩不明白，究竟是自己已被社会的铜臭熏染，还是罗紫菡变得越发不可理喻。

两个人的争吵很快上升至冷战。

裴文轩不愿做任何让步，因为以他的了解，妻子根本存不住钱，更谈不上理财投资。而罗紫菡则执意认为，丈夫如此大男子主义式的“一言堂”是不尊重她的表现，如果妥协便意味着将完全臣服于裴家母子。况且，男人一旦把控财权，十有八九都会学坏。

罗紫菡丝毫没有一个新娘应有的幸福感，她只觉自己像个戴着面具的木偶，即将在婚姻的舞台上登场，演绎柴米油盐的苦乐人生。如果结婚真的是经济与心灵上的双重束缚，还不如不结。

在距离婚礼还有两周的时间里，罗紫菡的心，有了动摇。

伴着初秋的微凉，罗紫菡独自坐在图书馆门前的长椅上发呆。

她突然怀念起与前男友曾经的快乐时光，只可惜错过了的爱情，就再也回不到从前。同样的长椅，迥然的心境。

“我想和你聊聊天。”

不自觉地，罗紫菡拨通了那个熟悉却又闲置已久的电话号码。

而手机彼端的声音在响起的刹那，瞬间将她拉入尘封的记忆。只是如今的两个人，比恋人少了份依赖，比朋友多了份关心。

“是要告诉我，两周后结婚吗？我会去的。”显然，他从未停止过对罗紫菡的关注。

“婚礼是下下周星期天。可是，我现在并不确定是否要走进这段婚姻，虽然已经登了记。”

“难道他出轨了？”前男友异常诧异。

时间在此刻凝固，直至罗紫菡开口，“我忽然发现他很自私，自私到要把控一切，包括我的工资，家里的一切财产。”

听着罗紫菡的抱怨，前男友的诧异感瞬时消失，因为“谁来管钱”这一问题是所有即要迈入婚姻的人都必须直面的，包括他本人。

“老实说，去年我刚结婚时，也和太太在家庭财权谁掌控上产生过分歧。或许普天下的女人都觉得，管住男人的钱，拴住男人的胃，是家庭幸福的大前提。可作为男人，即使表面再大度，内心也还是希望自己是一家之主，在经济上有绝对的话语权。因为男人要的是面子，更是尊严，他们担心，财权一旦让妻子掌控，日后如果花钱就要被问个底朝天。”

“这么说，你家的金库都归你管？”罗紫菡有些不解，这些曾口口声声说爱你的男人们，竟连一个管钱的权力都不肯放手。事实证明，现实社会，金钱绝对远胜爱情。

“最开始，确实是我管钱，但不出半年，财权便移交给了我太太。不知你先生究竟作何考虑，但我想以男人的角度说说我的想法，供你参考。首先，男人管钱的最大初衷就是要控制女人婚后的冲动消费，毕竟结婚不同于单身，妻子毫无存钱概念地‘月光生活’令男人很反感，但纯土豪或富二代除外。其次，男人管钱在一定程度上也是一种没有安全感的表现，尤其是当妻子各方面条件都优于自己时，若再把控不住财权，很容易成为‘妻管严’。其三，男人们还觉得，一旦工资卡、年终奖的支配权给了妻子，每笔花销就会被监视，除非有能力存小金库，否则凡事都得伸手向太太申请费用，完全没有了私人空间。”

“真是参透不了你们男人的心思！”罗紫菡忽然百分百确信，即使裴文轩想不到这些管钱的好处，裴母也会站在过来人的角度告诉儿子管钱的重要，并时刻“垂帘支招”。故在这场“一对二”强弱不等的“争权战”中，罗紫菡若不尽快找到后援团，就必输无疑。

“可你知道半年后，我又为何将牢牢抓住的财权心甘情愿地移交吗？”前男友故意卖着关子。

“难不成你有存小金库的能力了？究竟是什么力量促成这前后180度大转变的？”罗紫菡急切想借鉴经验。

“事实上，多数男人都怕麻烦，尤其是那些正处在事业爬坡期的人。当我开始管钱后，渐渐发现家庭财富规划对于非专业人士而言简直是个庞大工程，并非多看书就能迅速恶补的。况且，我连看书的时间都没有，几乎每天到家都很晚，赶上繁忙季，还要连夜整理合同。久而久之，妻子开始旁敲侧击，今天说同事某某的基金赚了不少，明天又称朋友某某某的股票涨停了。我不是不想通过投资加快钱生钱的速度，可一个连投资常识都不懂的人，又怎么可能轻易涉猎？思来想去，妻子有更多精力和时间去研究投资，我若再死守财权毫无意义。”

些许失望涌上心头，因为罗紫菡知道，裴文轩与前男友根本就是两类人，首先他有精力也有业余时间，其次他不是个嫌麻烦的人，也多少有过炒股经历。最重要的一点是他背后有人怂恿，有人支招。

罗紫菡还未过门，就已经开始腻烦起家庭生活的琐碎。

“不怕你笑话，只要有我婆婆‘垂帘听政’，就甭想让我老公坦然移交权力。他们母子俩，似乎是想通过控制钱来把控我。”

“凡事不要往太坏处想，更不要瞎猜忌。你们应该找个时间开诚布公地充分沟通交换思想。”前男友语重心长，他不想看到罗紫菡因为一些细枝末节，轻易放弃婚姻，不如这样吧，改天我介绍个朋友给你，她在家庭理财上非常有经验，对你会很有帮助。”

“也好，那我听你安排，由衷感谢。”

挂断电话，罗紫菡的心忽感顺畅。毕竟所有新婚夫妻都像她和裴文轩一样，需要面对赚钱和管钱的现实问题，唯一不同的只是由此激发矛盾的深浅和争吵程度。假使当初与前男友真的修成正果，也不免要遇到同样的问题。出现分歧不可怕，可怕的是没能及时解决，甚至将分歧变成鸿沟。

罗紫菡向天祈祷，在这开花结果的季节，自己的幸福也能开花、结果。

为尽快见到这位传说中的理财高人，罗紫菡推掉了婚庆公司次日的彩排邀约。

据前男友介绍，此人叫大文，是他妻子同学的姐姐，在京城创办了一家私人理财医院，专攻各类家庭理财难题，提供定制式服务。

犹如向黄大仙求签般，罗紫菡带着十二分虔诚，顺着百度地图上的箭头，七转八拐地找到了前男友提供的地址。

乍看上去，这家私人理财医院更像是间茶社，静谧中透露着古朴的韵味，但当推开中式雕花木门走进去，刹那间却又被欧式古典家具所散发出的文艺气息笼罩，别有洞天。

正当罗紫菡沉溺于视觉世界而忘却前来的目的时，一个柔美的声音从身后传来，“您是罗紫菡女士吧？请随我上二楼，大文医生正在等您。”

就这样，在一杯东方美人的蜜香中，罗紫菡向大文讲起了那些荒唐的婚前窝心事儿。说至气愤处，几次提到“不想结婚”、“没有结婚的必要”、“结婚没意思”。看得出，若不是被逼到墙角，一个即将披上婚纱的新娘绝不会出此悲言。

“您说，对于像我老公这样‘视金钱重于一切’的男人，还能放心地把自己交给他吗？”此刻坐在大文面前，罗紫菡的情绪再度反复。

“如果仅仅是因为他要做家里的财政大臣，你就选择悔婚，只能说明你幼稚。”大文不带一丝怜悯，“家庭财权之争并不稀罕，很多年轻小夫妻都会经历，虽说这不是大事，但处理不当也容易成为双方情感破裂的导火索。在我接触过的一些年轻客户中，确实有因为财权之争闹到离婚或已经离婚的地步。可这些人当冷静下来后，又大都感叹自己当初太过冲动。所以，我首先要告诉你的是，如果他本质不坏、有责任感，并且爱你的话，就请立刻收回你想悔婚的念头。”大文坚定地望着罗紫菡。

其实仔细想想，恋爱这六年，裴文轩确实对自己付出了真情与真心，也确实符合大文刚说的三个“标准”。若单冲这一点，罗紫菡非但不会悔婚，反而还会暗自庆幸，找到了对的人。但，现实情况毕竟无法回避，也不能一味妥协、一味迁就。

“听说过老婆没收老公钱财的，还真头一次见着老公逼着老婆上交工资卡的。您知道吗？一旦他管了钱，就相当于婆婆完全介入了我的生活，不仅经济上不再自由，花销也大大受限。周围没有一个朋友的老公像他这样。”罗紫菡觉得自己碰到了百里挑一的异类。

“我不想急着告诉你，家庭经济大权究竟谁掌控更好。只想先给你说几个客户的真实例子，姑且称呼他们甲乙丙丁和戊己。

“先来看看甲先生的家庭，结婚七年，始终都是老婆管钱。起先，俩人月收入加在一起刚满 6000 元，每月开资日，其妻都会主动给甲先生支出 2000 元零花，且只是不定期过问钱的去向，若赶上应酬，则开销增加还能随时取用。如此‘放养’之下，甲先生从未存过一笔私房钱，因为的确没这个必要。与那些‘婚前被妈管，婚后老婆盯’的苦命哥们儿比起来，甲先生的全部精力都放在了赚钱上，而不是和妻子的‘斗智’上。所以两个人的小日子小日子越过越红火，收入也跟着逐年激增。

“再说甲先生的朋友乙。同样是老婆掌管家庭日常消费和理财规划，却逼得他不得不挖空心思存小金库，不是为了某些背人的不正当花销，而是不想在朋友面前因拿不出几百块钱难堪。但这一举动在被老婆发现后竟误会成储备‘偷腥钱’。于是，夫妻关系越发紧张，矛盾重重升级，直至闹到离婚的地步。

“这是两个截然不同的女人掌控家庭财权的结果。接下来再看看男人管钱的家庭。”大文语速轻缓，不紧不慢

“丙是个潮女，崇尚‘你负责赚钱养家，我负责貌美如花’的时尚信条。从结婚那天起，家里的经济大权便一直由从事金融业的老公掌管，她很少插手。对此，身边一些已婚闺蜜提醒她，当今社会就算男人无淫邪，也抵不住主动投怀送抱的诱惑，再说‘男人有钱就变坏’是亘古不变的真理，得想办法控制住家里的钱袋子，别等哪天被小三‘一窝端’时，才意识到问题的严重性。事实上，丙不是没有过担心，但老公毕竟是金融专业出身，既有能力赚钱，又有能力管钱，更有能力钱生钱。而且，只要丙看中的商品，不论大小贵贱，老公都尽可能满足她。如此一来，又有何理由非得争个财政大臣的帽子呢？还不如所有闲暇都用来购物、美容、享受生活呢。

“与丙的享乐人生相比，丁嫁的是工薪族。尽管同是男人手握家庭财权，丁的老公却只粗浅地懂些投资皮毛，理财规划完全凭自学。丁说，老公管钱不是因为控制欲强，而是自己除了工作、照顾孩子、料理家务外，再无其他精力。丁觉得，管钱是项琐碎而系统的工作，‘掌权者’不但要安排好家庭的日常开销，还要对

闲置资金进行综合规划，以满足家庭未来各时期的需要。不存在谁掌权谁占上风或谁说了算的问题。”

大文润了润喉，继续道，“下面要说的是夫妻二人平分家庭财权的例子，也就是AA制各管各的，或按专长各司其职。

“戊，结婚6年始终和丈夫保持着工资卡AA制的管钱模式。其理论说起来很简单，经济问题在婚姻中是仅次于情感出轨的第二大敏感问题，往往是家庭不和谐的重要因素。所以，为避免矛盾，AA 制的自主管钱法再合适不过。但前提条件是，两个人的工资消费一定要公开透明，同时又有分工。比如家庭煤水电、物业、私家车养护费、定期娱乐开销等由老公出，日常生活开支、服装鞋帽等由老婆出。而月结余部分可自行存放或集中在一起理财，当家庭日后遇到资金需求，可各出资50%。这样一来，夫妻间永远不会因为一方经济负担承载过重而诱发矛盾。

“较之戊家的AA制自主管钱法，己和妻子虽说也未明确界定经济大权归属哪方，但小两口却明示了‘分工’：每月收入汇总到一起，扣除生活开销及二人消费后，本着‘谁擅长哪一方面就管哪一方面’的原则，进行理财。比如己有丰富的炒股投基经验，就全权负责家庭资产的风险投资部分，而妻子对各类银行理财产品了如指掌，就相应地负责中低风险的保本类理财。如此各司其职的优势在于，可以在‘团队’合力下更快速地实现家庭财富目标，这比单纯某一方掌管财务更公平、更省力。

“总结起来，家庭经济大权的归属问题不外乎以下几种解决方案。

“**一是‘大智若愚式管钱法’**，即在夫妻二人充分信任的前提下，家庭通常由女方掌管财政，且妻子必须本着‘半放养原则’，给丈夫一定的消费自由度。对于大部分花销不要苛刻过问，但可以不定期抽查。就如同案例中的甲先生。

“**二是‘经验至上式管钱法’**，即夫妻二人中若一方从事金融及相关行业，或本身学经济出身，抑或有过成功的投资经验，则可全权负责家庭理财规划，此所谓‘让专业的人做专业的事’。如同丙。

“**三是‘精力权衡式管钱法’**，即夫妻双方婚前均无理财经验，需要从零学起，故经济大权应在充分协商的情况下，由精力相对充裕的一方掌管。比如，丈夫正处在事业爬坡期，要经常加班，而妻子工作清闲或全职在家，不妨由女方管控财权；但如果妻子需要兼顾工作、带孩子、料理家务，而丈夫工作稳定、时间充裕，那么家庭理财规划这件事就让他边学边管。如同丁。

“**四是‘AA 制分工式管钱法’**，即夫妻二人不存在哪一方掌权，工资卡或各管各的，或放在一起透明化管理，遇到家庭应急开销再按比例出资，而余下来的理财钱，则本着‘谁擅长哪一方面就管哪一方面’的原则。比如丈夫擅长选股，就负责家庭的股票投资；而妻子精通纸黄金，那就掌管家庭黄金投资部分。就像案例中的戊和己。

“其实，婚姻当中的任何复杂问题都可以简单去办，关键在于你看待问题的角度与心态。所以，我刚才并没有马上回答你的问题。因为家庭经济财权由谁掌控，并没有统一的答案，女人也好，男人也罢，既然双方走入婚姻撑起一个家，就要心往一处想、力往一处使，不要因为一道关于财权归属的‘多解题’就轻易选择离婚。”

听着大文的一番总结，罗紫菡忽然顿悟，在理财多元化的今天，掌管家庭财政的一方无疑背负了更多压力，不仅要进行多种类、多渠道投资，而且还要兼顾家庭短期中期长期的资金需求。换句话讲，即便想通过握住财权来把控对方，也是需要付出的。

“对于你和丈夫目前的矛盾点，建议你们敞开心扉地沟通一次。”大文说着，从打印机中抽了张纸，罗列记录着什么。

“你需要让他清楚以下几个问题：**第一，家庭由谁管钱并不代表谁就是一家之主，因为夫妻之间最佳的相处方式是保持相互尊重、彼此既独立又依赖的平等关系**。任何一方父母都不应介入夫妻谁管钱这件事，要知道老人看待同一问题的角度本身就有很大倾向性，参与进来不但解决不了问题，反而会把原本简单的事变复杂。

“第二，家庭生活中，各司其职很重要。如果夫妻之间正在为谁来管钱而纠缠不清，不妨各自做一份规划，即‘若我来管钱，我会如何做’。而后，摆在桌面上，客观分析一下谁更适合接手这项‘工作’，力求从家庭大局的角度出发来定夺。

“第三，不要人云亦云。**周围朋友的建议可以当个参考，但不要完全效仿别人家的管钱模式**，这就好比一双鞋，不一定每个人穿上都合脚，需要找到最适合的。

“第四，任何事物都会随着时间的推移而变化，包括家庭经济

大权的归属问题。如果掌控财权的一方未有效履行职责，或在管钱过程中出现重大投资失利亦或其他严重问题，应交由另一方管理。

“**第五，不负责管钱的一方，并非甩手掌柜**。相反，应定期予以监督，至少要知道家庭资产的大致流向，各品种的配置资金多寡等。如遇家庭买房、买车等大额投资或消费时，需参与意见。”

大文写罢，抬头冲罗紫菡笑起来，“其实，你的纠结在于担心自己被对方所控制，消费上不再自由。而且，更关键的一点是安全感上的缺失。因为现代社会多数观点认为，男人与金钱比起来，后者更靠得住。”

罗紫菡恨不得一把握住大文的手，以表达句句说到心坎里的激动与兴奋。可毕竟头回见面，她还是选择了婉约的方式——频频点头以示赞同。

“从我接触客户的情况看，但凡遇到家庭财权归属问题，一个细节十有八九会被忽略。”

罗紫菡睁圆眼睛，生怕漏听任何一个字。

“家庭中哪一方管钱，不一定所有银行卡、定期储蓄、有价证券都必须署上他/她的名字。这需要协商。比如你家的房子、车子都在你丈夫名下，不论最终是谁管钱，所有的银行账户应尽量写你的名字，这也算是一种家庭经济上的平衡吧。换句话讲，在夫妻都有各自事业和赚钱能力的情况下，并不存在谁养谁的问题，凭什么所有家庭财产均署名一方？这本身就不对等。”大文说。

罗紫菡突然有种被人撑腰的受宠若惊感。她虽不是大女子，但也绝非全职在家没工作靠人养的小女人。属于即使不结婚，也照样能自给自足舒坦度日的那一类。但人类社会，不论是本着繁衍后代还是拒绝孤独的目的，都还是要找个相伴到老的人。

“我始终觉得，维系婚姻的关键在于夫妻间的信任、尊重及共同的道德观、人生观，而不是只管住对方‘钱袋子’这么简单。作为女人，可以没有辉煌的事业，却一定要有赚钱的能力。不要为了男人的某句承诺，就甘心做个‘手心朝上’的贤内助。你要知道，当今社会，女人会赚钱永远比管钱重要。当然，如果两者都具备就更好了。”大文继而打气道，“如果你回去后，仍旧无法说通你丈夫，不妨带他来我这里。我做你的‘后援团’。”

屋子里，顿时，漾起两个人的笑声。

罗紫菡与裴文轩的婚礼，最终如期举行。

在几番沟通之下，家庭财权并没有完全归属谁，而是暂且采取“AA 制分工式管钱法”。且二人书面约定，若未来某一方因精力不够或其他原因而不能履行相应的管钱职责时，则由另一方全权接管。而且，考虑到经济上的平衡，二人的共同存款署名“罗紫菡”。

【财人新计】

物质时代下的金钱社会，谁都不免落“俗”。即便再忠贞的爱情，若没有人民币撑腰，也一样枯萎。可以想象，从恋爱到结婚，从买房到养儿，从教育到养老，哪一步能离得了金钱？于是，越来越多的“现实主义”年轻人认为，婚姻的下限是安全感，上限是幸福感。而安全感取决于财富多寡，幸福感源自两情相悦。只有先保证了安全，才有精力谈幸福。或者换句话讲，安全感是必需品，幸福感是奢侈品。由此也就不难理解夫妻间为何大部分矛盾皆因钱而起了。

从某种角度讲，罗紫菡的苦恼具有一定典型性，亦代表了绝大多数中国女性的心声：男人是搂钱的耙子，主外；女人是管钱的匣子，主内。这与远古时代，男人负责狩猎，女人负责照顾孩子、分配食物是一个道理。按此推论，家庭中妻子掌控财权更利于和睦，毕竟女人天生比男人心细，也更懂持家。但现实生活并无百分百绝对之说，若家庭中丈夫擅长投资且对统计情有独钟，而女人大大咧咧不知计划，那么财权交给妻子掌管就不一定有利。所以，基于不同家庭迥异的特点，在处理敏感的财权问题时，不妨在具体情况具体分析的基础上“对号入座”，即在大智若愚式管钱法、经验至上式管钱法、精力权衡式管钱法、AA 制分工式管钱法中选择最适合自己的。

需要说明的是，对于准婚者或新婚族而言，如果一时无法接受由另一方管钱的现实，不妨先以 AA 制分工式管钱法作为过渡。毕竟双方来自不同家庭，在经济管理上存有不同形态，夫妻通常会在自己原来家庭中产生内心认同感，比如传统家庭通常都由母亲掌握家中经济大权，但也有家庭可能是父亲操持财政，因此，夫妻二人对家庭经济管理会有不同习惯，甚至产生不同的价值观，如果一方硬要争夺财权，难免会埋下婚姻危机的隐患。聪明的做法是，小两口先各管各的工资卡，并明确消费分工，待彼此在婚姻中磨合适应一两年，各自积累了一定存款及理财经验后，再根据情况决定由谁来管钱。实践证明，这种屡试不爽的“财权迂回战术”非常适合财富有限且尚处奋斗阶段的多数新婚家庭。待磨合期过后，不论哪方掌管了财权，都是一种责任感的体现。但从家庭经济良性运转及夫妻感情和谐的角度看，还是提倡女人管钱。可作为妻子，不能因为手握权力而过于“不尽人情”，适当给丈夫一定数量的零花钱还是必须的，因为只有这样，才能长久稳攥财权。

临了，想说的是，倘若夫妻一方过于在乎工资卡的持有权，实际上是一种经济或感情上缺乏安全感的表现：担心对方消费不理性，花钱去外遇，自私自利等，都是需要把卡紧握在手的理由。事实上，家庭经济大权之争折射出更多的是现实社会婚姻观的扭曲和夫妻间暗藏心底的情感危机，如不尽快找到这份不安与躁动的源头，即使管了钱，也不代表就能拴住对方的心。

现金流咋成一汪“死水”

位于以色列、约旦和巴勒斯坦之间的死海，因高浓度盐分导致水中没有任何生物存活。而在梓鸳眼中，她家的现金流就是这死海里的一个支流。

意识到这一点，事实上源于某网站的一项测试。看似为打发时间的娱乐消遣，却暴露出梓鸳理财上所存在的问题。以前，她以为只要留足现金，不把家里的钱全存进银行或投资，就叫资金的合理分配，甚至将这所谓的“理财经”传授给身边姊妹。可是现在，突然间觉得自己很可笑。

梓鸳记不清具体从何时开始，养成了留存备用金的习惯，尽管这笔应急钱不一定每月都用到，但她还会不间断地存，毕竟生活充满“万一”。可以肯定，比起大多数已婚年轻人来说，梓鸳的财商不算低，至少她知道留存家庭应急金的必要，甚至懂得将每年未动的备用金挪至理财账户生息。但测试结果却显示，梓鸳的现金流“死水”程度竟高达四级，差点儿就“病入膏肓”。为探清症结所在，她在网站论坛的跟帖中加了一位叫金子的网友。之所以要与其单聊，是因为金子家的现金流结婚十年来一直处于“活水”状态，即所有资金都在以不同的速度流动。

“你不嫌累吗？”梓鸳母亲从无锡来京看望她的这段时间，几乎每天都要唠叨，“鸳啊，你比我上回来时又瘦了。成天接送孩子，上班加班，买菜做饭，晚上好不容易陪小宝复习完功课，又要开始自学什么理财。”

梓鸳母亲很不理解，自己大半辈子从没学过任何理财知识与技巧，还不是把一双儿女培养成才，把家料理得井然有序还略有盈余。可缘何到了女儿这代做主妇，理财竟成了一门必修课？还什么“死水”、“活水”，老人家更是闻所未闻。

夜已经很深了。

梓鸳关上书房的门。似乎从赴京求学那天起，到毕业后留京工作、嫁在北京，她与母亲便很少有如此私密的空间与时间，所以这一刻，梓鸳愿停下手头的一切，只想像小时候那样依偎着母亲。

“妈，北京是不是变化很大？”

“嗯，每回都不同，不愧为大都市。”母亲抚触着女儿垂在肩头的发丝，“妈为你高兴，能生活在首都，嫁给这么好的人家，不像妈这辈子，一直窝在小城市。”

“时代在变，环境在变，人们的思想也在变。来北京这么多年，给我感触最大的莫过于此。妈，就拿最平常不过的家庭理财来说，您知道现代主妇，尤其是那些理财意识较强的 70 后、80 后女人们是如何持家的吗？”

“持家？”在 40 后母亲的观念里，持家理财不外乎收入支出与存款，从古至今历来如此，“难道还能理出什么花样？”

“当然要有花样，不然现金流就成‘死水’了。以前，我自以为良好，但事实证明我忽略了对家庭现金流的管理。”梓鸳说着，搜索起电脑收藏夹里保存的网页。

依然是那个有关家庭现金流“死水度”的测试，梓鸳逐一给母亲念起来。

第一题，如果生活中急需一笔额度在 3 万元以下的资金，您通常会如何处置？一是手头就有，二是手头现金不够需要找亲朋拆借，三是完全透支信用卡，后几个月存钱还。

第二题，以每月 30 天为一个考量单位，您家在此期间的大部分消费是刷卡结算（包含支付宝），还是现金支付？

第三题，倘若在一个考量单位里，您家一半以上的消费使用的都是非现金结算方式，那么是因为现金流较少不足以支付，还是因为想把资金用活，实现理财和消费两不误？

第四题，现阶段，您家月收入扣除消费后的结余部分是否会划拨一定比例出来作为当月备用金？

第五题，每年年末，对于家庭存款或准备用于投资理财的钱，您是否会根据家庭实际情况预留出相当于 3~6 个月工资收入的家庭应急金？

第六题，对于这笔随时取用的家庭应急现金流，您是否只将其以现金形式存放在家中？

第七题，若不是以现金形式存放，又是否将它们暂存到指定的银行活期账户中呢？

第八题，对于市场上的短期理财方式，您是否有所了解？又是否将暂时不用的应急金尝试通过某种稳妥的短期理财方式让其运转起来？

第九题，您是否觉得少量资金的短期理财收益太少，没必要浪费精力特别管理，应着眼于大钱？

第十题，像余额宝之类的互联网短期理财方式，您愿意尝试吗？

对于这样的测试，母亲匪夷所思。“想当年，我跟你爸结婚时，每月就几十块钱工资，根本不懂啥叫现金流，只知道要想储蓄就得处处紧着花。不像你们，总抱怨存不下钱，可前脚说着，后脚就任性地买了一堆根本用不上的东西。”

“妈，您就别提那些老黄历了。”梓鸳继续朝着自己的思路延展着话题，“按照普通家庭的收支结构，基础现金流结构不外乎如下模式，现金流入：A 薪水+B 流动资产收益+C 固定资产变现收入；现金流出：D 消费开支+E 流动资产支出+F 购置固定资产支出。”

母亲微皱着眉，努力消化着在她看来所谓的的“新生事物”。

金子曾详细分析过这个基础现金流结构。在她看来，家庭生命周期中，初级阶段现金流入的主要构成是 A，随着时间推移，B 逐渐增加，到退休时 A 降至最低。相较之下，C 是不确定的，通常仅出现在应对各类风险时。而现金流出中 D 是持续的，但每个阶段会有波动，譬如成家前后、宝宝降生、退休初期会相对高于其他阶段。与此同时，E 和 F 受个性化影响较多。除此之外，家庭现金流的变化还受收入增长率、投资收益率、通货膨胀率、某些支出分项的费用增长率等影响。所以，只有动态与静态相结合才适合人生每个阶段的现金流分析。总之，现金流应该像水一样，是生生不息、流动不止的。

这个金子对现金流还挺有研究，仔细想想，真是这么个理儿。母亲大致能明白现金流是什么，可她依旧不理解的是这些钱用得着如此挖空心思地管理吗？累积到一定数额再存银行也不迟啊。

“您可别瞧不起小钱，没有小钱的聚集又何谈大钱？所以，大钱有大钱的理法，小钱也有小钱的生财之道，互不干预。”梓鸳貌似神秘状，“据我所知，在这个‘新活期时代’，如果还没有把闲钱和余额宝关联，绝对证明这个人 OUT 了。”

“余额宝？奥特？”当这些从未听说过的字眼儿齐刷刷地袭来时，母亲顿感烧脑。

“这么说吧，余额宝简单来讲是一种互联网理财工具，适合短期闲置资金。把钱存进余额宝有很多好处，一方面收益远远高于银行活期与定期储蓄利率，另一方面资金的灵活程度又跟活期储蓄差不多，需要时可随时支取，安全性有保障，完全没有后顾之忧。”

“把这些闲钱放进去，余额宝充当的就是银行的角色？”

“算互联网金融的理财方式之一，和传统银行还是有区别的。实际上，把资金转入余额宝就相当于从基金公司购买相应的理财产品。”梓鸳说着，打开了自己的支付宝。“我感觉余额宝最大的好处在于便捷。比如，我俩每月工资在扣除消费开支后，全部转入余额宝账户，平均年收益至少在 4.5%以上，关键是转入资金不限额度，1 块钱都行。您可以满大街打听，目前哪些理财工具是可以实现零门槛、高流动、低风险、收益率又确保的。更何况，网购的同时就轻松完成转入、转出、查账等一系列工作，根本就是在一心二用下动动手指，不浪费一分时间。”

在梓鸳打开的网页窗口里，母亲看到那赫然标注的“昨日收益”和“历史收益”。

“想什么时候转入都行吗？比如现在。”母亲宛如拿着硬币等待投放的孩子，巴不得立马见到游戏机启动后的惊喜。

梓鸳望了眼墙上的电子钟，“今天是周五，北京时间23点46分。本着最大限度玩转余额宝的目的，金子曾告诫过我，要格外注意资金的转入时间。我一般会选择周一、周二、周三、周四的0点～15点这个时间段转入资金，这样第二天就能确认并获得收益，第三天显示收益，没有丝毫延时。而假使在当天15点以后转入资金，则会顺延1个工作日再确认，且双休日及国家法定假期不进行份额确认。此外，不到万不得已不要设置自动转入。因为一旦设置，每天夜里零点支付宝账户里的钱就会自动转入至余额宝，赶上周末双休日没有任何收益。相应地，在转出时间上，我也以每天15点为界线，15点以后转出肯定要多算一天收益。而且用手机支付宝钱包转账到银行卡，还节省了手续费。”

梓鸳盘着腿，慵懒地说，“从现金流入口看，在不跳槽、没有升职预期的情况下，薪水是固定不变的。若没有突发性大额资金需求，也不可能将固定资产变现。这样看来，唯一能增加现金流入的便是流动资产收益了。所以，打理流动资产是个持久战。”

“有余额宝了，还怕啥？”母亲说。

“余额宝只是冰山一角好不好，与其功效雷同、收益有别的互联网理财产品还很多，像什么百度百赚、微信理财通、财猫定期宝、网易现金宝、京东小金库、微财富存钱罐、苏宁零钱宝等，俗称‘宝宝’军团。”梓鸳所知道和投资的这些，其实全是从金子那趸来的。

“通过亲身打理家庭现金流，我发现真像金子说的那样，**随着互联网金融时代的到来，家庭理财不单要按风险等级和投资期限分层，同时还要分线上与线下两大区块**。所以我最近这段时间一直在模仿金子，大额资金坚决主张线下投资，小额零散流动金则全部锁定各类‘宝宝’。说到底，这些‘宝宝’并非什么新鲜事物，不过是货币基金改头换面。就好像同样的两颗糖，包装不同而已。”

“货币基金倒是听说过，咱家以前的老邻居一直在买。”母亲说。

梓鸳见母亲并不是一无所知，索性更细化地讲解开来。“每个‘宝宝’的背后都有一位叫做基金公司的‘妈妈’。比如余额宝的背后实际上是天弘增利宝，百度百赚的对接基金是华夏现金增利，微信理财通是华夏财富宝，苏宁零钱宝是广发基金。”

“也就是说，购买这些‘宝宝’相当于投资的是它背后的基金？”

“您确实是个聪明的老太太。”梓鸳拍了下母亲的肩，一如对待亲近的哥们儿。

“可我还是不明白，既然投资的是基金，直接到银行网点买基金不就得了，为啥还要绕道儿去网上理财呢？”

母亲的这个问题让梓鸳有了片刻停顿，但很快便找到了答案。

“好比买同一件商品，在价格一致的前提下，您是会优先考虑就近在家门口购买，还是坐车前往百货商店购置呢？”

“当然就近了。省下的时间还能去做其他事情。”母亲答得干脆。

“所以说，互联网‘宝宝’就像家门口的商铺，随时进出。而传统理财机构就是那几十里外的百货店，柜台业务流程操作不够便捷，浪费人力与时间。我觉得，但凡排斥互联网理财的只有两种人，一种是对其极度不放心，另一种是对其超级不了解。您绝对属于后者。"

"我这岁数的人，上网都不会，更别提在网上理财了。再说，如今卡里的钱都不能保证绝对安全，网络……"

"您是说网络更不靠谱？"

"肯定啊，看不见摸不着的。"

"我得更正您一个观念。"梓鸳放缓语速，"'有风险'和'不靠谱'是两回事。在做好风控的前提下，可以根据自身偏好投资风险领域，但对于那些根本不靠谱的投资渠道则要绝对隔离。网络理财，风险是有，却并非不靠谱。还拿余额宝举例，其背后是天弘基金旗下的天弘增利宝货币市场基金，而在基金产品的招募说明书上有着明确的风险提示：投资者购买本基金并不等于将资金作为存款存放在银行或存款类金融机构，基金管理人不保证基金一定盈利，也不保证最低收益。"

梓鸳记得金子在论坛里发过一篇文章，着重分析了"宝宝"们的所谓风险。首先是巨额赎回，是那种突然的、资金量巨大的货币基金赎回行为。一旦遭遇这种情况，基金经理就不得不通过卖出持有的快到期基金债券，以应付赎回，而卖出债券的官方渠道只有二级市场。但二级市场的债券价格会受供求关系影响，当基金经理在二级市场大量抛售债券，又没有足够的买方接盘，那么这种抛售行为会直接导致债券价格下跌。由于货币基金需要足够的现金支付巨额赎回的资金需求，故基金经理只能以更低的价格“亏本甩卖”手中持有的债券。一旦甩卖的价格足够低，货币基金的基金净值就有可能跌破 1 元，也就是通常意义上的“宝宝”产品发生亏损。其次是遭遇重度金融危机。毕竟，互联网“宝宝”们主要投资于货币市场，金融秩序一旦紊乱，最先受到波及的就是此类市场。再次是社会动荡。这一点更好理解，别说是互联网余额管理工具，届时全社会的秩序都会陷入混乱，百业颓废。

“快把钱取出来吧，咱别为了那点收益，做得不偿失的事啊。”母亲恍然间被这些描述惊到。

而梓鸳依旧不紧不慢，“我刚说的只是客观描述了所有余额管理账户在不同情境下可能遇到的风险，发生概率非常低。目前来看，真的没有比它们更适合作为余额理财工具的了。如果都像您这么畏首畏尾，干脆把钱攥在手里，存银行没准哪天遭遇倒闭损失更大。我的原则是，**只要是投资于货币型基金的互联网‘宝宝’产品，哪款收益率高就买哪款，但投资上限不超过 1 万元**。**当然，也有人选择不超过家庭日常应急金上限**。总之，控制好投入资金比例。而在安全防范上，我也给自己制定了三条‘**宝宝理财军规**’。一是设置安全保护问题，一旦忘记密码可以在回答问题后找回所有密码。二是设置数字证书，假使账号密码丢失，通过数字证书可以切换到手机上，不至于支付宝的全部信息泄露，只要没有木马基本上都可以保证账号安全。三是解除手机登录支付宝关联。”

梓鸳是个极其心细的人，自从玩起互联网“宝宝”，处处心存戒备。比如换手机，以前只是把旧信息全部删除，但现在为了不泄密，她不得不谨而又慎：先是将旧手机恢复出厂设置或格式化，再存入一些其他无关紧要的内容，将手机的存储空间占满，重复几次后，原有数据很难被恢复。然后，再将手机卖给相对正规的厂家，或参加官方的以旧换新活动，那些路边流动的私人收购摊坚决不考虑。如果没有卖出的话，也绝不把手机作为普通生活垃圾扔掉。毕竟在支付宝及各类电子钱包遍布手机的当今社会，因更换手机而泄露隐私的案例屡见不鲜，尤其是安卓手机，即使恢复手机出厂设置，骗子也能轻松恢复数据。

事实上，除了换手机，梓鸳的心细还体现在手机的日常使用上。因为“宝宝”里淌着的是家庭现金流，故一些关键性的密码一旦被窃取，“漏水”就是迟早的事了。所以，只要出门在外，梓鸳就坚决关闭手机 WiFi 功能，尽可能使用流量。原因在于，一些网络黑客经常借由免费 WiFi 入侵手机，假如用户在上网的过程中，用手机输入自己的网银卡号密码，账户里的钱就很有可能神不知鬼不觉地被人转走。此外，梓鸳始终保持设置手机开机密码的习惯，且从不轻易扫描生人发来的二维码，更不会将银行卡、身份证及手机放在一起。在她看来，但凡把银行卡和身份证插进手机套里的人都或多或少缺心眼儿，若没被偷算是万幸。梓鸳觉得，既然搭上互联网理财的便车，就得筑牢安全防火墙，尤其是在更换手机号之前，将微信设置解除捆绑是务必要做的。而如果不幸丢失了手机，亦要第一时间致电运营商挂失手机号，并到运营商那里补办手机卡。然后致电银行冻结手机网银，拨打 95188 解除支付宝绑定，同时登录 110.qq.com 解除微信绑定。

听到女儿的各种防范措施，母亲不再执意阻拦。

“退一万步讲，放在网络账户里的资金即使全部被盗，也不过只有 1 万元。更何况，依我的小心谨慎，密码被盗的可能性并不大。怕就怕将互联网‘宝宝’等同于银行传统理财产品，将所有‘家底’孤注一掷，只为那寥寥的收益率优势。”梓鸳不由想到了一位同事，“我们单位就有这样的人，刚结婚不懂理财，但支付宝玩得游刃有余，于是就把婚后仅有的 20 万元钱全部转入余额宝。按理说，家当都托付给互联网，你倒是长点心啊，可这小两口以为像存银行那么简单，压根儿就没把风险控制当回事。直到后来手机丢了，密码被人破解，所有的钱都不翼而飞，这位同事才悔悟我先前的提醒是对的。”

“你提醒他什么了？”母亲的声音夹杂着惋惜。

“我曾问过他这样一个问题。与互联网‘宝宝’产品相对应的该是家庭的哪部分资金？他当时的回答是：想用来理财增值的那部分钱。表面上看，无可非议。但实际操作起来，却忽略了这样一个事实：家庭用来理财的资金是要按比例分散投资的。**通常情况下，只有打算放入活期储蓄账户里的流动资金才适合转入互联网‘宝宝’账户。否则，‘财’不配位必有灾殃。**”

“年轻人就是胆大，在不了解清楚的情况下，就敢把家底全部搭进去。这种人估计对婚姻也不会太负责任。”母亲历来看不惯当下年轻人一拍脑门的行事方式。

“金子说过，投资不是胆大胆小的问题，而是无知与有知的问题。只有对某种投资工具或某一投资方式透彻了解后，才有资格安排你的资金。就好比要收获一段幸福稳定的婚姻关系，离不开事先的观察、了解、熟悉，而后再做决定。倘若在不摸清对方底细的情况下盲目成婚，结果可想而知。”

这样聊着，母女俩竟了无困意。

梓鸳透过窗帘的缝隙，远远望见对面小区零星的灯光。狭长的马路，许久才有一辆车加速驶过，整个城市陷入沉睡，唯有昏暗的路灯，严肃地注视着这份凄冷。但有母亲在身边，寒夜也温暖。

一晃又快一年了，梓鸳不由慨叹，“记得去年除夕，我们也是这样坐着，聊到天亮。”

“一边聊，你还一边抢东西。”母亲说。

“那是在‘抢红包’。” 梓鸳解释。

“可见我闺女是有多财迷。”母亲笑着。

“财迷不是坏事。”梓鸳一时间想到金子说过的话：**在这个全民理财的时代，似乎所有人都从“抢红包”的游戏中养成了“多赚一毛是一毛”的习惯。从某种角度看，它的积极意义正在于让人们重拾对零钱的尊重意识，树立“小钱也是钱”的理财思想。而这，恰恰是家庭现金流管理的核心理念。人们完全可以将流动资金种在互联网金融的土壤里，把手机变成我们的记事本、账本、钱包，随时随地让小钱生生不息。**

“妈老了。”母亲叹着气，裹挟着对岁月的屈服，“互联网理财终归是你们年轻人的专属。我这把年纪，还是规规矩矩找银行吧。”

“银行也有‘宝宝’啊，您下次买理财产品时可以顺便问问大堂经理。我们同事的老爸，就是银行系‘宝宝’的坚定拥趸，比您还年长几岁呢。”

梓鸳继而又展开了数来宝式的剖析。

“银行系‘宝宝’，说白了就是余额类现金管理产品，像中行的活期宝、工行的薪金宝、交行的快溢通、建行的速盈等皆属此类。其中大部分对接的也都是基金公司的货币基金产品，同样在申购及赎回方面设置了‘T+1’、‘T+0’等便捷措施，有的甚至还能实现支付消费、还信用卡、取现等功能。”

“门槛有要求吗？我以前买的产品都至少 5 万元起步。”

“由于每家银行的要求不同，所以‘宝宝’的投资起点也有一定差别。据我所知，除少数起点为 100 块钱外，多数都只有 1 分钱。总体看，这些生于银行的‘宝宝’们优势还是很明显的。比如，银行与自家‘宝宝’类产品可以在交易、投资等方面提供便利，包括交易实时到账、优先吸收自家‘宝宝’类产品资金等，从而提升产品流动性与收益率。此外，相比互联网‘宝宝’，银行的信任程度更高，尤其对于像您这样的中老年，还是会选择银行这个大靠山。”

“怎么个买法？和平时存钱一样吗？”母亲饶有兴致。

“一般登录银行官方网站都有文字提示，点击进入‘宝宝’购买界面首页就会有产品的详细介绍、优势亮点及最关键的购买步骤。只要仔细阅读，都能从购买界面获取想了解的大部分信息，并根据购买步骤进行操作。而在银行的选择上，优先考虑个人工资卡的开户行，毕竟‘宝宝’们理的主要还是流动资金。与此同时，还要关注具体产品的风险收益特征、发行该产品的基金公司或商业银行旗下管理团队的综合管理能力、产品流动性和交易安全性是否有保障等。”

每每谈及家庭现金流管理，梓鸳都特别兴奋，“目前推出余额理财产品的机构涵盖范围那是相当广泛，不单有第三方支付、商业银行，还包括基金公司、移动运营商、基金代销机构、电商公司、搜索引擎等。”

“基金代销机构？”母亲竟又是一无所知。

“是那些具有基金代销资格的第三方理财机构、财经网站、证券投资咨询公司发行设立的余额理财账户，简称为代销系宝类产品。不过，建议您还是老老实实注册银行系‘宝宝’账户，起码心理上的认同感更足。再者说，从银行系‘宝宝’对接的货币基金看，都是些像易方达、南方基金、交银施罗德这样的‘名门闺秀’。”

母亲不再多问，当即提议，次日一早就让梓鸳手把手教她如何玩转银行“宝宝”。这一回，母亲力争做个时髦的老太太，让退休金不“退休”。

理财是快乐的，至少梓鸳这样认为。通过合理规划现金流，她发现每一分钱都有其存在的价值和意义。学着像魔术师那样让流入资金由 1 变 2，并控制好流出的速度与数量，余额资金真的能在不经意间丰满起来。

熄了灯，梓鸳和母亲依偎在书房的小床上。

那一刻，嗅着母亲的味道，时间恍若飞速倒转至那个仰望繁星、静听童话的纯真年代。伴随着秒针有力的滴答，梓鸳奢侈地幻想着，恨不得一觉醒来时，躺在了老家的铁床上，母亲和现在的自己一样年轻。

【财人新计】

互联网颠覆生活，更颠覆了人们的理财观。

对此，每一位互联网金融的参与者都深信不疑。可以说，从余额宝的降生，到满天飞的滴滴打车优惠券，再到全民“抢红包”，我们的生活已在悄然发生着改变，无数家庭的余额资金流向也在这份变化中转向，力保“现金流不死”。

是的。“现金流不死”是当下家庭理财中非常重要的一环，却往往最易被忽视。似乎人们听惯了“不要把所有鸡蛋放进一个篮子”、“家庭资产要组合搭配”之类的理财谏言，却很少听到有关“现金流不能死”的论调。

那何种情况下，意味着家庭现金流是一池“死水”呢？不妨对号入座把把脉。

首先，每月工资到账后全部取出，若月底未花完，剩余的钱会继续以现金形式存放，直至累积到一定数额后才存入银行或购买理财产品。其次，每月定额从工资卡里提现消费，卡内活期余额按兵不动以备不时之需。再次，每月收入中的一半以上都用来支付上个月的信用卡欠款，当月现金流永远不够开销。

假如上述三项描述中不幸占了某一项，就得敲响警钟了。短期内或许看不出任何弊病，但长此以往下去，就会被那些善于管理现金流的人远远甩在后面。事实上，只要动动手指，打理现金流是最简单不过的一桩小事了。除了可以借助各类“宝宝”产品外，很多银行也研发了手机 APP 理财软件，提供各种货币基金供理财者任选。如果还嫌麻烦，微信总会使用吧？在最新版本的微信中，点击“我的钱包”后进入的页面里就有“理财通”，包含定期理财与货币基金两类，完全可以在聊微信的同时实现一元买入、一键取出的现金流管理。需要引起重视的是，在借助手机、iPad、电脑进行互联网理财的过程中，务必控制好流动资金数额，同时在注销号码或更换电子设备前务必做到“三个解绑一个变更”，即将 U 盾、网银、手机银行、短信通知等银行卡业务解绑；将证券、基金账户等金融业务解绑；将淘宝、微信等第三方支付平台解绑。同时要及时变更微信、微博、QQ 等服务的关联电话。总之一定要在完成所有业务解绑的前提下再销号。

婚后头三年的“财产保卫战”

都说婚姻似围城，里面的人想出来，外面的人想进去。

这话放在婚前，许花花根本不理解。以她当时的婚姻观认为，围城神圣不可侵犯。要么压根儿别进去，要么进去后就别出来。出出进进瞎折腾有意义吗？

也许有吧。

这是婚后第二年许花花的新感悟。她并不想离婚，只是从理想到现实的过程，让她有了更切实的思考。这就如同观赏一件艺术品，远视角度下呈现的永远是最美的，只有凑近甚至拿在手中把玩，才能发现隐藏在细腻背后的粗鄙。

与蔡秋明结婚两年来，许花花确实觉得自己很幸福。尽管老公不擅长浪漫与表达，可比起多数 80 后男人，他更具责任感与上进心。相较之下的许花花则是个彻头彻尾的小女人，小到凡事都要依赖，甚或根本不能“自理”。

即使一个男人再爱你，也无法长时间忍受这种如带孩子般的感觉。更何况，许花花婚后尚未适应家庭生活，依旧延续着单身时期没有计划、毫无节制的月光状态，心血来潮时可以瞬间刷爆信用卡。虽说蔡秋明并非小气的男人，他愿意让老婆过得锦衣玉食，可也要有度，毕竟日后需要面对的家庭开销还很庞大。若继续保持这种无存款状态，那么生活无异于如履薄冰。

这是二人吵架的唯一原因，也是许花花最难以忍受的。

从小到大，许花花都是父母娇纵下那个衣来伸手饭来张口的大小姐。除了两次升学考试未达分数线外，她的生活一直都是安逸恬淡平顺不惊。尤其是在金钱方面，从未受过限制。刚时兴笔记本电脑那年，父亲连眼都不眨就花了上万元，使她成为班上第一个拥有东芝最新款笔记本的人。高考前半年，母亲又托朋友从海外购置鱼油给许花花补脑，连班主任都一脸羡慕嫉妒恨，别说当时是2002年，就是十几年后的今天国外鱼油也不是每个中国人都能吃得到的。其实，并非许家多么有钱，而是父母太爱这个女儿了，所以许花花忍受不了婚后处处计划消费的天地转变，何况她又不是没有工作。

比起许花花活在当下的洒脱，同是独生子女的蔡秋明却习惯于缜密规划。自他记事起，墙上就一直悬挂着母亲手写的家庭账本，像日历一样记载着每天大大小小的开销，直至腊月最后一天，母亲才会掏出算盘熟练地拨弄，汇总365天的总支出与一年里存下的钱。耳濡目染下的蔡秋明，6岁那年便也学会了记账。他将每一笔零花钱用在哪儿了、用了多少、剩余数额等都系统而规范地记录在条格本上。于是经年累月的重复变成一种自然而然的习惯，直到今天，他依然在记录中生活，甚或注销了信用卡，比单身时更知节俭的重要。

一个花钱无度，一个计划生活。蔡秋明的“财产保卫战”已然在抗议中开启，他就像个小媳妇，处处精打细算，只为能多存一点钱。然而许花花并不配合，依旧倔强地认为，钱只有在消费时才能体现它的效用，不消费，永远只是躺在钱包里的印刷品或浓缩在银行卡里的数字，毫无意义。

人生充满变数，我们无法预知下一秒会发生什么，无论好坏，只有接受与面对。

许花花怎么也想不到身体壮如牛的父亲竟然有一天也会倒下。事情发生得很突然，一如晴空下的一场疾雨，让人猝不及防。

那天，是杂志社成立的二十周年庆典，身为主编的父亲自然成了那场晚宴的主角，于是难免逐桌推杯换盏、觥筹交错。他本就血压不稳不胜酒力，可又偏要顾全大局，所以当同事们送他回来时，早已左晃右摇酩酊大醉。记得有位与许花花年纪相仿的男员工搀着父亲进屋时告诉她，许主编今天说得最多的一句就是“再干一年我就可以退休安心回家养老了”。许花花很明白这话里的含义，因为父亲的确太累了。一个男人，将自己最风华正茂的年华毫无保留地献给其所钟爱的事业，即便年近花甲，即便身居高位，也还会亲历一线，站好退休前的最后一班岗。父亲常说，待退休后要真正为自己和家人活一次，享受亲情的沐浴，饱览世界的精彩。

可是，那天酒醉之后的父亲，在属于他的梦里再也没有醒来，衣兜里还揣着下期杂志的封面小样。后经法医确认，死于心梗。面对冰冷的躯体与凝固的表情，许花花几近崩溃，曾经那么爱说爱笑可亲可敬的父亲，竟如此决绝地离开，离开他所热爱的生活和疼腻不够的女儿，离开他的事业，他的梦想。

接下来是在悲痛中料理后事。这让习惯了透支刷卡的许花花深刻体悟到钱至用时方恨少的滋味，月入4000元竟捉襟见肘到连1000元现金都拿不出来，好在蔡秋明及时取了钱，才得以应急。

此后很长一段时间，许花花都是在消沉中追忆，于冷静中思考。

我们曾如此渴望命运的波澜，到最后才发现人生最曼妙的风景，竟是内心的淡定与从容。我们曾如此期盼外界的认可，到最后才知道世界是自己的，与他人毫无关系。小我不复存在，宇宙也便灭亡。时间，终究不会因任何人的离开而停滞，它只会以流转的方式抚慰伤痛。世界，也不会因为少了谁而无法前行，相反，父亲的离世在某种意义上给另一个人腾出了位置。所以，人不要把自己或某件事看得过分重要。

除了思考人生，还有金钱的意义。许花花忽然明白，赚钱是为了生活的安逸，花钱是为了享受生命的过程，而存钱则是为了应对命运的不测。之前的二十多年里，她一直觉得自己活得很从容，甚至嘲笑蔡秋明的“小家子气”。而如今，她彻底颠覆了自己，亦或者说被生活颠覆。

于是改变始于计划消费。

许花花先是注销了三张信用卡，只留了一张透支额最小的卡以备不时之需。随后，她又在蔡秋明的建议下给自己制定了一份详细的消费计划书，里面不仅罗列了接下来一个月将要发生的所有必要支出项，同时还包括可能产生的其他消费项并逐一设定了“红线”。倘若严格按计划合理消费，在不影响生活水准的前提下，许花花每月至少能剩余 1000 元。如此坚持一年，起码能存下一万多。待日后收入渐渐提高，月存款也便随之提升。

至此，夫妻二人终于步调一致，打响了婚后头三年的“财产保卫战”。但如果按照这样的节奏，存款从零到十万的路，也要走很久。

有没有一种方法可以缩短这个过程？

许花花很想在最短的时间内弥补婚后的存款空白，就像上学时的寒假作业，总要到临开学的前一周才想办法交差，她恨自己开悟得太晚。

父亲的离开，让许花花一夜成熟。她不再像从前那样大大咧咧挥金如土，而是坚决按计划控制消费，甚至为了多积累些财富，专门在网上开了家品牌闲置店，将那些曾经的冲动消费有效转化，出让给需要的人。

任何事情只要坚持就有效果，存钱亦如此。可惜的是，许花花只狠心坚持了一个月，便逐渐松懈下来。支付宝账户中好不容易赚来的五位数流动资金，不知不觉间又降至个位数。庆幸的是，因为及早注销了信用卡所以没有产生大额透支，仅凭这一点，蔡秋明已算欣慰了。

婚后的财富积累真就这么难吗？

一次同学聚会，许花花将内心疑虑抛给几个姐妹。从反馈结果看，除她之外的六个已婚人士中，只有两个人在婚后第三年存款超过十万元，其余四个人皆没能在结婚头三年逾越这个数字，但都比许花花存得多。

“你究竟是如何存下这么多钱的？”在存款超过十万元的两人中，其中一位结婚四年的女同学总共存了三十万元，而收入竟与许花花和蔡秋明不相上下。于是，这三十万像谜一样让她欲罢不能，非得打探个究竟才心安。

“存钱的方法很简单，只需先负债。”

此言一出，包括许花花在内的几个人都目瞪口呆面面相觑。

“我没骗你们，这叫‘负债存钱法’，目前非常流行。”女同学一脸严肃。

“你什么时候又开始钻研起理财了？”坐在她旁边的另一位同学眼中充溢着好奇。

“我哪有时间研究这些，只不过得高人指点罢了。”

“高人？什么高人？”许花花等几乎异口同声。

女同学未过多解释，只是几天后给大家每人发了封邮件，是“理财医院”医生大文曾于三年前发给她的。

说实话，刚打开这封信件时，许花花并无任何惊喜，因为她本身就是理财门外汉，平时对金融数字又极为排斥。可偏偏这一次，她不但逐字逐句看完，而且还看了很多遍。尽管大文说的是自己，但指的却像是许花花，毕竟都曾经历过或正在经历着存钱难的困惑。于是乎，她将这封信复制粘贴到文件夹里。

这是十多年前大文刚结婚不久写的一篇“**存钱实战录**”，其中涉及多个存钱技巧，可谓让人受用一生。就像文章里所写的那样，尽可能多地去花银行的钱消费吧，将自己的钱省下来理财，渐渐会发现，存钱的过程竟是那般充满魔力。

谁都不是天生的理财家，我也如此。可得天独厚的是在银行工作每天都要接触钱、研究钱，久而久之便对理财这件本不着迷的事日久生情。所以，我开始尝试各类存钱技巧，为趁着年轻多积累些财富，及早做好理财规划，同时也算是敬业的一种必要实践。否则，人家凭什么去相信一位只会大理论的理财经理呢？存钱实战，就这么悄无声息地开始了。

大文于许花花来说虽是完全陌生的，甚至连笔友都算不上，但透过文字，她恍然觉得大文就是身边的某个姐妹，很近很贴心。尤其是接下来的这段话，几乎道出许花花的心声。

过日子就该讲质量，而努力工作的初衷是为给自己和家人提供更有品质的生活。可如果赚多少花多少，生活质量是提高了，却抵御不住人生中的突发事件。坦白讲，24岁以前的我，对“存钱”二字毫无概念，反而觉得只有大肆消费才对得起转瞬即逝的青春。那阵子，见了喜欢的衣服、化妆品可以连眼都不眨地买，现金不够就透支，还经常用“人有几个20岁，难道非要等到满头白发时再用攒下来的钱去买那件20岁时心爱的大衣吗”之类的话搪塞母亲。现在想想，很倔、很幼稚，因为存钱和花钱这两件事并不矛盾。就好比小时候用10块钱买饼干，余下的钱放入存钱罐一样，哪怕存的很少，但长时间下来罐子也就满了。所以，我开始学着像小时候那样把每月结余存起来，只是不再放进存钱罐，而是划拨到指定账户里。起初的几个月，确实逼着自己在每月有限的收入里存了几百元，可时间一长加之突如其来的各类应酬，存钱这根弦便渐渐松懈下来，甚至努力积攒数月的所谓“存款”也悄无声息地成了娱乐享受的殉葬品。于是我开始思考，为何连小学生都会做的事，到了我这个大学生手里反倒成了难题呢？

因为没有坚持下来。许花花对此深有体会，钱存着存着不知何事就花了，花着花着信用卡的账单就爆了，紧跟着再一次下定决心，必须开始存钱。但一段时间后又发现，折腾一圈下来根本没存多少，索性再一次放弃。

凡事贵在坚持，败于放弃。

当把这大道理说给自己听时，竟又觉得异常可笑。至少坚持需要理由，就像小时候因为特别喜欢那只米老鼠存钱罐，所以才省吃俭用只为“填饱”它。长大以后，更多精力与时间放在了赚钱上，使得存钱变得很机械，少了那种发自内心的冲动。除非，为了某个目的不得不存，比如还房贷。身边就有这样的朋友，月薪 5000 元，房贷 3000 元，余下的部分供个人日常开销。我问他，2000 元的生活还能过吗？朋友到很淡然，只回了句“只有当你真正背债时，才会发现再少的钱也能挺过去。”也许说者无意，但听者有心。事实证明，恰恰就是朋友这句不经意间说出的话，让我发现了一个受用至今的存钱秘密**——负债存钱法**。当然，我所指的“负债”并非真要贷款买套房，而是想方设法“算计”银行，让它贷一部分款给你，即个人消费贷款。

顾名思义，个人消费贷款是银行向借款人发放的用于消费的人民币贷款，其额度较为灵活，少则几万，多则几十万，完全能满足单身族的一般消费需求，在国外早已不是什么新鲜事。比起信用卡透支，消费贷不但能实现先花钱后还款，而且在免息期结束后还可以将透支额度百分百直接转化为短期消费贷款，像按揭贷款一样分期偿还，不必担心个人信用记录及高额罚息。

接下来，我把自己当成小白鼠。

首先，我大致估算了一下在不铺张、不冲动消费的前提下，一年的总花销。以每月 2500 元计算的话，12 个月共计 3 万元。

随后，我比较了各家银行的消费贷款政策，发现每家银行对贷款的要求都不一样，即便同一家银行的不同产品其要求也不同。有的需要提供水、电、煤气缴费单，有的需要连续 12 个月公积金缴存证明，有的要求月工资收入高于 5000 元，还有的只能借给公务员和事业单位员工。而且利息有高有低，还款方式也不尽相同。挑来拣去，我选中了利息最低的一家银行，申请了 3 万元消费贷款。相当于提前拥有了 12 个月的生活花销，且随时可用、流动性极强。

在获取贷款的第一天，我将它们全部取出，每 2500 元放入一个信封，并在封皮上标注好月份。那么接下来的 12 个月，每月初拿出一个信封作为当月的花销，而扣除保险与公积金后的 5500 元月收入除了偿还消费贷款外，剩余的全部存起来。为避免自己“破戒”，我又实施了**“多单滚存监督计划”**，即把扣除消费贷后剩余的 3000 元月收入转化为一年期存单，月月如此。这样下来，一年后手里就积攒了 12 张 3000 元的定期存单。从到期时间看，自次年开始，每月便都会有一张存单到期。如果有急用，比如交纳新东方学费，我就取出使用，反正已经吃到了利息。但一般情况下，我不会动用这些到期存单，而让其自动续存。同时从第二年开始每月还会有 3000 元继续添加到当月到期存单中滚动，变为 6000 元。相当于每个月去一次银行，慢慢将小钱养大。这样下来，一年能净存近 4 万元，还不包括利息。

许花花暗自叫绝。尽管这种存钱方式并无太多技术含量，但确实易于操作。如果从现在起严格执行“负债存钱法”，那么储蓄的主动性便大大提高了。以她目前月入 4000 元来看，每月偿还

2000 元消费贷款不是问题，其余的 2000 元按照“多单滚存监督计划”，两年下来基本就有 5 万元存款，最起码够得上绝大多数理财产品的门槛。忽然之间，许花花又想到蔡秋明，如果他也能改变一下存钱方式，不再将余钱冷落在账户里忍受活期，而让它们滚动起来，那么家庭财富积累必会提速。只有当存款越来越多，才能谈得上分散投资，否则面对仅有的 1 万元，又怎能进行资产配置呢？

这巧妇难为无米之炊的感慨，其实大文也有过。在这篇“存钱实战录”中，她坦言曾在自己存款很少的时候，面对各类理财方式只能束手无策。所以，**想让资金的雪球越滚越大，就必须先把基础财富变厚，即家庭用以进行资产组合配置的存款量。而对于婚前习惯月光、存款甚少的已婚人士来说，婚后头三年便是增厚基础财富的最佳时期，这将直接影响未来全家人的生活品质**。

看来婚后头三年的“财产保卫战”最终打的是场“存款保卫战”。许花花决定要复制大文的路，趁着小蔡同志还没降生，趁着母亲尚未老去，抓紧赚钱攒钱、抚养孩子、孝顺父母。

在银行工作的第三年，由于业绩突出，我被破格提拔为部门经理，薪水也跟着翻了倍。可对存钱这件事，我丝毫没有因为收入的提升而怠慢放弃，反而较之前更加迷恋财富增厚的神奇过程，毕竟得来的辉煌业绩与客户信任都与我的切身实践紧密相关，况且收入的提高便意味着我拥有了尝试更多理财方式的资本。

于是，我在“多单滚存监督计划”之下又进一步细化了存单期限，即在薪水倍增后的第一年，每月各存一单 2 年期、3 年期、5 年期整存整取，共 3 单，12 个月下来，就累积了 36 张存单。而从第二年起，每月存 3 年期、5 年期整存整取，各存 1 单，至年末又存了 24 单。第三年，开始步入多存单循环，此时首年产生的 2 年期存单逐一到期，于是把每个月到期的存单通通转成 5 年期（见下图）。这样循环下去，相当于此后每年都有存单到期后被转为 5 年期的复利收益。况且在一张存单到期后，我还会追加一部分资金，然后再转存至 5 年期。渐渐地，我发现这一存款系统就像一台造钱机器，可以源源不断地创造收益，我简直迷上了它所带给我的全新存钱体验与营造出的复利场。

定投年期 / 时间	2年期	3年期	5年期
第一年	每月1笔共12笔（1）	每月1笔共12笔（2）	每月1笔共12笔（3）
第二年		每月1笔共12笔（4）	每月1笔共12笔（5）
第三年	（1）到期转5年期		
第四年		（2）到期转5年期	
第五年		（4）到期转5年期	
第六年			（3）到期转5年期
第七年			（5）到期转5年期
第八年	（1转5）到期转5		
第九年		（2转5）到期转5	
第十年		（4转5）到期转5	
第十一年			（3转5）到期转5
第十二年			（5转5）到期转5
…	如此类推		

定投存单

我估算了一下，照此下去，几十年后待我退休时完全可以无视银行给我的退休金，只这个神奇的系统就能供我养老，因为每个月都有固定存款可支取。在此复利滚存的过程中，完全能跑赢货币基金，可谓实现了定存收益最大化。

本以为发现了一个惊天的存钱秘密，打算向更多的年轻客户普及，但事实证明，我错了。记得有位刚参加工作没多久的客户在践行这一模式的第二年找到我，抱怨说这样的存钱方式把他着实坑苦了。并非因为每月都要跑银行，而是他的收入并不稳定，有时一连半年都是借钱存款。后来，由于要凑钱买房，他索性把存款取出，牺牲利息不说，而且办理起来手续也非常麻烦，最终白折腾一场，颗粒无收。通过这件事，我发现了这种存款方式的弊端，即在开始存款的前两年，资金流动性不强，尤其在第一年，每月要定存多笔款项，对于月结余不多或收入不稳定的人来说，并不是特别适合。而且，在复利滚存下虽说能拿到更多利息，但这中间如果急用钱，所谓的“高息”便付诸东流。

相应地，网络上盛传的每月存 5 单，即第一年每个月存 1 年期、2 年期、2 年期、3 年期、5 年期共 5 单，一年总共累积 60 个存单，且从第二年起进行到期结转及循环，这种所谓的极速存款方式事实上同样不适合月结余有限的年轻人。

许花花也觉得，选择存钱方式要因人而异，像她现在，月存 1 单尚可承受，待日后收入提高再逐渐增加存单数量也为时不晚。否则将有限的月结余平均分配到多个存单里，每一存期下放入几百元，并无太大意义。

秉承着这种方法，我总共在婚前存了 35 万元私房钱，或者说凑齐了第一笔理财资金。前后算下来，总共 8 年时间。相比同年龄的其他同学，他们 8 年时间最多也就攒十几万，大部分钱都于不知不觉中花掉了。于是我被同学质疑，为存钱过了 8 年节衣缩食的生活。可他们并不知道，这丝毫没有影响生活品质，反倒让我更加懂得如何活出健康。

好了，继续回到攒钱的话题。小有战绩的我，婚后继续钻研并践行钱生钱的方法。

在保持之前多单滚存的基础上，我又尝试了比较传统的**“五单理财法”**，即拿出35万中的5万元，将之平分成5份，一份存定期1年，两份存定期2年，一份存定期3年，一份存定期5年。待一年后，1年定期存单到期，续存改为5年期。第二年后，再把2年定期存单续存改为5年期，其他的存单以此类推。那么，5年后，5张存单就都变成5年期的定期存单，而且每年都会有一张存单到期。如遇加息，手头总有一张存单可以搭上利率上调的顺风车，而如果利率下调，最多也只有一张存单利率受损，其余四张均可幸免。总之，能最大程度地减少存款受利率影响的风险。但这种“五单理财法”我通常会推荐给那些手头已有存款，却对投资一窍不通，又耐性十足的客户。也就是说，理财并非只意味着购买产品或投资，存款作为一种最古老的理财方式在高速发展的现代社会同样适用。比如，除了最常见的1年期、3年期、5年期等整存整取外，银行的定期存款还包括存本取息、零存整取、整存零取等多种方式。尽管在互联网时代，前来银行办理这类业务的客户很少，但若将这几种看似陈旧的方式结合起来使用，效果也还不错。曾接触过一位中年客户，将自己50万元积蓄办理了存本取息业务，即当本金放满一年后可按月取息。至于每月利息，他会立即放到零存整取账户中利滚利。相比之下，一年期存本取息利率虽不如同期整存整取利率高，却大大提高了资金流动性。

对于那些只选择存款，同时又想保持部分灵活性的人来说，算是一种备选的理财手段。

面对这些古董级的存钱方式，许花花可谓大开眼界。一时间思绪不由得飞奔到小时候。

彼时的父亲，尚没有深邃的法令纹。她依稀记得，每到月末发薪的日子，父亲都会带她去食品店，买她最爱吃的蛋酥卷、腊肠和麦乳精，然后一路说笑着回家。途径银行，还不忘雷打不动地将一部分工资存入零存整取账户。

似乎1990年的中国，零存整取是很多家庭普遍的理财手段，只是那时的许花花根本不清楚父亲存钱的用意。她只记得父亲每一次存钱后都笑着说："傻丫头，什么时候把这些钱都取净了，你也该嫁人了。"多年后的今天，她终于明白，父亲其实一直在默默地用零存整取的方式给她积攒嫁妆钱，尽管他是那么渴望女儿永不长大，永不离开他。

何其深沉无声的父爱，只可惜天不遂愿物是人非，许花花再也没有报答、孝顺的机会。此刻，泪水模糊了视线。

很久，心情才渐趋平复，眼前的文字亦再次清晰起来。

在进行"五单理财法"的同时，我还购买了两款保本型银行理财产品，投资期限分别为180天和360天，年化收益率为4.7%和5.2%。资金的"增肥步伐"被进一步加快。就这样，又过了半年，第一款理财产品到期了。在购买到下一款同期限理财产品前，为避免本息闲在活期里，我把它们又送到**"通知存款箱"**中，即一种不约定存期、一次性存入、可多次支取的存钱方式，但支取时需要提前通知银行、约定支取日期和金额，人民币最低起存金额5万元。其中，一天通知存款必须提前一天通知银行约定支取存款，七天通知存款则必须提前七天通知约定支取存款，很适合像我这样准备近期使用大笔资金的人。事实上，不只我这样，一位打算购房的同事，也把准备用来交纳首付的30万元存入了七天通知存款，既保证了用款时的需要，又享受到高于活期储蓄的利息。

利用这些钱生钱、利滚利得来的理财收入，我给自己上了份养老险和大病险，因为彼时，已开始酝酿辞职创业，成立一家属于自己的第三方理财机构。况且通过长时间的理财实践，我也完全有信心借由科学存钱巧妙理财，获取比上班更高的薪水及未来丰盈的养老金，享受主宰人生的自由。

文章读至此，许花花倏乎间明白，大文“由0至1”，后又“从1到多”的存钱理财过程始终“稳”字当先，但凡与风险沾边的投资品种绝不会轻易涉猎。也正因如此，财富才得以越积越多，就好比母亲常说的一句话，做任何事都不要在还没学会走时就急着跑。理财何尝不是如此？

再后来，我顺应内心的声音，斩断了前程似锦的职场晋升路，选择了在多数人看来前途叵测的创业，好在没离开老本行。就这样，我有了更多时间挖掘理财技巧。

通过对比，我发现全世界的人，唯日本女人最会理财。她们一旦结婚通常都会辞掉心爱的工作，专心做一个称职的家庭主妇。尽管她们看上去显得有些低眉顺眼，但绝对掌控着小家的经济大权。男人们每月的工资奖金都如数上交，需要消费时再从妻子手里拿。一般来说，男人得到的零花钱不会很多，甚至在外花掉多少还要定期向妻子报账。而主妇们的包里通常都放着两个钱包，一个是她私人的，另一个是家庭的，用来支付全家人的衣食住行，所以在日本的超市和书店里《主妇的家计簿》一书卖得很火，绝大多数已婚女性都会用它记录收支以精打细算过日子，力求家里家外的经济账都计算得清清楚楚。

我并不提倡中国女人也像日本女人一样婚后为家庭牺牲事业，可在存钱理财方面则要适当为家庭做些改变。尤其是婚后头三年，务必注重财富的积累。拿我来说，婚后虽仍延续着单身时的存钱模式，但每张存单的数额都要比婚前高很多。同时我还会将丈夫收入的一部分用于基金定投，以提高资产的整体收益水平。由于创业、成家占用了相当多的资金，所以我们并没有额外的钱进行大额投资，或者说，结婚之后，我又回到了几近零存款的状态，开始了从无到有的存钱路。不过我有信心，完全可以在不久的将来“东山再起”。

有骨头不愁肉，掌握方法不愁存不下钱。既然转发邮件的女同学可以做到，那么我也一样可以。许花花痛下决心，因为她知道，那个女同学曾处处与自己暗中竞争，甚至还争抢过自己的男友。之所以能大方地把这封邮件转发给她，其实是根本不相信她看了之后能照做，即使照做也肯定坚持不下去。所以这一次，哪怕只是为争口气，她也要在两三年内存下一笔钱，算是为迎接宝宝而准备的吧。

于是许花花马不停蹄地在搜索栏敲下“消费贷款”四个字，

开始了负债存钱法的践行路。

夕阳的余晖悄然溜进办公室，静静洒在桌角的一张全家福上，父亲灿烂地笑着，满目温情地看着电脑前的许花花。那一刻，她很复杂地望了眼父亲，而后深吸一口气，笃定地浏览起消费贷款的具体办理流程。

远远望去，余光下许花花的剪影正好与父亲的笑容重合，时间，在那一瞬，已然变得模糊。

【财人新计】

如果说，一日之计在于晨，一年之计在于春，那么一生之计则在于结婚后的前三年。可是对于婚姻，更多人只记住了“七年之痒”，却丝毫不清楚婚后头三年的“新鲜期”将决定一个小家一生的财富与幸福。这就好比护肤，需要从年轻时开始注重防晒保湿，养护过程绝非一朝一夕。但凡坚持下来，多年后肯定要比同龄人显娇嫩。如果非要等到有了皱纹与老斑再去想方设法补救，相信再昂贵的化妆品也无法挽回那被忽视多年的容颜。

理财大抵也是这个道理，趁着刚成家，聪明的小两口应尽早做好“财产保卫战”。既然是“保卫”便意味着一切以稳为主，因为在财富积累的初始阶段，任何风险投资都如魔鬼般随时出没吞噬掉有限的资产。所以储蓄，尽管方法古老，甚至在一些人看来略显笨拙，但它恰恰是理财的起步，更是家庭财富积累的必由之路。尤其是对于背负房贷压力的新婚男女而言，存点儿钱本就不易，若再错买了产品就更雪上加霜。

或许在绝大多数人眼中，存钱无非是把结余攒起来，无任何技术含量可言，实则不然，那些善于运用技巧的人总比傻存钱的人坚持更久、赢得更多利息。比如在“负债存钱法”的压力下培养逐月存款的习惯，同时再用“多单滚存监督计划”把小钱养大，化零散为整体。在持续不断的复利效应中，不但攒了钱，还理了财。

如果还是觉得缺少存钱的动力，不妨使用终极杀手锏——“日存法”。即寻找距离单位或家路途最近的一家银行营业网点，开立一个账户，每天定存几十元，一年下来差不多就有上万元积蓄。而这几十元钱若混在生活中，充其量也仅够一顿快餐或一次打车的花销。以每天定存 50 元举例，365 天后总共可以拿到的本息之和将近 19 000 元。工作几年下来，等于无形中为自己积累了一笔财富。

所以，别再抱怨收入有限存不下钱，更不要为自己毫无计划的消费行为找托词。因为在你迟迟不动的那一刻，无数同龄人正着手尝试积累未来财富。他们也许并不比你聪明，收入可能也无法与你相提并论，但却赢在对待存钱这件事的态度与行动上，所谓“积跬步至千里”，说的便是会存钱的这些人。

最可怕的“假丁克”

在绝大多数人看来，女人不生孩子是对老祖宗的不敬，更是人生的一大缺憾。甚至放到以前封建闭塞的农村，这种女人是要被婆家扫地出门的。

未免也太迂腐了。身为 85 后的新时代女性章璋对此观点恨之入骨。她的理论很简单，也貌似合乎逻辑。

首先，生孩子为了什么？理由不外乎为张家王家李家赵家传宗接代，为老有所依、死得不孤寂，为实现父母天伦之乐的愿景，为维系平淡无味的夫妻情感关系。总之，所有的一切都以“我”为中心。可作为孩子，若事先知道将于出生后的第六年踏上长达十余载的求学苦读路，而后不容喘息地混入惨烈的职场竞争，以及拼爹比脸式的恋爱战场。倘若顺利，便按部就班跨入婚姻，扛下生子养老赚钱持家的重担。然后，衰老。最终，离开。想必，没有谁是愿意降生人间体味这一遭的。所以不如不生。

章璋的观点，起初双方父母是极力反对的。但转而想想，又何必活得这么较真呢？都是一把年纪的人，既然儿女有自己的活法，老人妄加干涉会影响关系不说，还得付出精力照顾隔辈儿，何必自讨苦吃？几番激烈的思想斗争后，章璋夫妇如愿以偿地做起了丁克一族。虽说月收入合在一块儿还没突破 8000 元，但在不铺张的情况下还算能自给自足。于是。这种“俩人吃饱全家不愁”的悠哉日子不紧不慢地流转了两年多，直到另一个女人的出现。

她是丈夫的下属，或者更确切地说，是个尚未签约的实习生。

为了争夺仅有的两个正式合同名额，不惜借姿色上位。章璋见过她，谈不上螓首蛾眉却也拿得出手——卷曲的长发，纤细的腰身，举手投足间夹杂着隐隐骚气，尤其那副睥睨的狂态，标准的“小三相”。对于惯用下半身思考问题的雄性动物们来说，面对这类贱兮兮的线条，“就范”是迟早的事。

婚姻遇到小三，章璋选择的是按兵不动，因为她深信丈夫是个极具责任心不会乱了原则的男人，不然她也不会嫁给他。可仅凭信任，婚姻能走多远依旧未知，看缘分更看造化。章璋忽而觉得，当激情褪去，爱情转为亲情后，应该有血缘来维系，不然真当有天松开彼此的手，也就干脆到没有任何瓜葛。

于是章璋想到了孩子，这条可以让夫妻建立某种血缘关系的纽带。毕竟在多数中国男人骨子里，血脉重于一切。这也是为什么“丁克”不能成为中国式婚姻的主流，为什么周遭除了自己，没有人秉承“不育主义”的原因所在。故决定，趁丈夫尚未沦陷在女妖精的裙摆下，抓紧要个孩子。

这前后截然相反的生育观，竟连章璋自己都觉得不可思议。

不论出于怎样的目的要孩子，章璋都与丁克不再有半点关系。可主观意识的改变并不代表心理上的真正接纳。她依旧由着性子，过着今朝有酒今朝醉的日子，甚或因女妖精的暗中竞争，迫使消费升级。skin food 全然换成雅诗兰黛，外贸服饰亦通通被国际大牌取代。不就是比谁有姿色吗？我章璋要是保养得当，素颜也比那些浓妆艳抹的妖媚女人强。

相比多数醋意爆发后怨天尤人的苦情女，章璋确是例外。除钱包受损，反而活得灿烂，过得洒脱。甚至带着一决到底的死磕劲儿，不单把自己修炼得更美，而且还如愿怀了孕。

惊闻章璋怀孕保胎的消息，身边人皆第一时间反问："你不是铁了心的要当丁克吗？这么快就变了。"但问归问，大家还是送上了由衷的祝福。尤其婆婆，简直乐得合不拢嘴，几天就多生出数道褶。而就在所有人都为章璋的怀孕感到欣喜时，唯独丈夫，说什么也高兴不起来。

"当初扬言不要孩子的是你，现在坚持保胎的也是你。说到底，你太任性了。做事情永远心血来潮不管不顾。"

站在责难面前，如鲠在喉的章璋终还是咽下实情，违心说道，"你不是一直喜欢孩子，只是为尊重我的意见吗？"她使劲压抑着内心深处的委屈。"我想通了，得把咱们的优质基因传承下去。不然，太可惜了。"

"你觉得我们是在过家家？"丈夫的眉头锁做一团。

"首先，要保证孩子健康，最起码我得提前半年戒烟戒酒，甚至还得适量补充叶酸。可我这半年来除了应酬就是替领导挡酒。其次，我们现在存款加起来不到3万，只去年一个欧洲自由行就花了8万。如果你早说改变主意，我们的旅行计划完全可以推迟或取消。其三，我在人事科刚被提拔成主任，一切都还自顾不暇，说好的年薪也迟迟未兑现，美其名曰上层正在商讨中。"丈夫一脑门的官司似乎全借着怀孕这个突破口爆发。"所以无论从哪点考虑，这孩子要的都太唐突。难怪别人都说，做丁克不可怕，可怕的是做'假丁克'。"

“那你的意思是？”

章璋已然听出丈夫的态度，只是想再确认下自己的判断。

“抓紧做掉，以后准备好再要，也不迟。”

丈夫的声音淡定得令人心碎。

夺门而出的那一刻，章璋眼前一片湿漉。脑子里充斥的全是女妖精的媚惑和丈夫蠢蠢欲动却又刻意压制的春心。

他们一定心照不宣地好上了。凭借肆意蔓延的想象，章璋整整哭了一路。

一桌菜刚端上桌，章璋就大快朵颐起来。

“亏你表姐不是外人，这孩子被我宠得真是没边儿了。”母亲有些尴尬。

“自家人，不用饭桌上再客套。”表姐冲章璋挤了挤眼睛，如儿时的那份心照不宣。

章璋浅笑不语，继续木然吃着，一句话不说。眼前浮现的依旧是女妖精的翩若惊鸿和丈夫方才不耐烦的囧脸愁容。

桌边的话题“专一”到除了孕期保养饮食搭配别无其他。说到尽兴处，母亲放下碗筷拿来纸笔，记下那些经典的煲汤食材。认真的样子，极像御膳房里的主厨。

正当两个人全然沉浸在乌鸡汤的炮制时，章璋抹了抹沾了虾酱的嘴角，平静地说道，“这孩子恐怕是保不住了，你们还是换个话题吧。”

“什么？怎么说不要又不要了？你以为孩子是衣服吗？想穿就穿，想脱就脱。”

母亲瞬间被激怒，无意识地将笔插进米饭。

“都是我给惯的。之前坚决做丁克，我们没有反对什么。后来又突然怀孕想要保胎，我们更是用行动表示支持。可这还没过几天，就……”母亲转向表姐，悠悠诉起苦衷。

“是您最看中的姑爷，是他说要我把孩子打掉。”章璋很是委屈，甚或因夹杂着更难以言说的复杂心情，差点哭出来。

在表姐的一番劝慰下，母女俩的情绪暂且得以平复。

作为旁观者，表姐把章璋拉到一边，免得激化矛盾。

“到底怎么回事？你这二八月的天，把我都给弄懵了。”

望着表姐善良的眼神，章璋本想说出真相。可碍于母亲隔墙有耳，她最终还是挑拣着诉说原委。

“你老公的想法也不是完全没有道理。像你这种‘假丁克’确实最可怕。”

表姐与丈夫如出一辙的说辞，令章璋隐约意识到问题可能出在自己这里，因为表姐一直都是个讲求公平的人，外号“天秤”。

“抛开孕育生命的前期生理准备不谈，单从理财角度讲，‘假丁克’最易出现资金链断裂问题，尤其是月收入有限的工薪‘假丁克’。而你，就属此类。没有做好任何财务上的准备就接纳新生命的到来，后期将直接导致经济上的大问题。”

章璋没有反驳什么，毕竟表姐从事理财工作多年，接触的实际案例不计其数。所以此刻，她愿以学习的姿态，客观审视要孩子这件事。

“你俩欧洲旅行之后，存款就剩下不到 3 万，尽管每个月都能富裕个1000块钱，但也不足以应付接下来激增的支出。好在短时间内，双方父母能给予一定的资金支持，不至于太过捉襟见肘。可这终究不是长远之计，毕竟父母还要攒钱养老。所以问题的关键在于理财方式的全面调整，以适应家庭固有结构的打破。”表姐的语气异常平和。“站在女人的角度，如果这个孩子确实健康，我不建议你轻易做掉，但你必须抓紧时间，重塑家庭资金链。”

“重塑家庭资金链？”

“是的。随着成长，我们每个人的家庭角色都在不停变换。单身时，我们只是儿女；结婚后，多了妻子丈夫儿媳姑爷的头衔；而当有了孩子，便正式荣升为父母，由被人照料转变成照料他人。直至几十年后，又重新回归被人照看的状态，成为白发苍苍的老人。这就是生命的线性演变，我们无法抗拒，只能接受。相应地，家庭收支与财务规划也会随着家庭形态的变化而改变。”

“那依我现在这样，该投资些什么呢？”章璋渴求确切指引。

“没有战略何谈战术？你需要清楚的是如何调整理财思路，之后才谈得上具体品种的配比问题。就像你现在连碗都没有，又拿什么盛饭呢？所以，**科学实用的理财方案，是先解决‘碗’的问题，再谈配‘饭’，即家庭理财规划中的‘碗饭秩序’，假使颠倒必会出问题**。”

“先来说‘碗’，不外乎单身、成家、生子、空巢四种常见的家庭结构状态，对应地，便有四类理财目标。譬如单身时的主要目标是攒钱结婚；成家后则变成了存钱还贷及应对新生命降临后的开销激增；直至有了孩子，理财目标又变为教育金累积和父母养老筹备。可以说眼下很多80后及部分90后皆已步入这一时期，意味着家庭由成长向成熟逐步迈进。而这群人的父母则相应进入空巢状态，理财目标转为养生保命，就像你母亲和你婆婆。”

“养生保命阶段，还有让我操不完的心。”不知什么时候，母亲已经站在章璋身后，低声叨咕。

“也许很多人觉得，理财目标和策略是个很虚的东西，其实不然。就好比我们穿衣，最起码先要根据所出席的场合确定整体色系搭配，而后再进一步确认款式和细节。同样，科学合理的财富目标与实施策略直接决定着一个家庭生活品质的提升速度，不然也就没有那些因为股指的跌跌不休致家庭经济‘一夜回到解放前’的怨声载道。”

“凡事预则立，不预则废。确实应该先确定‘色系搭配’。”章璋对这触类旁通的解释表示赞同。

“但你要记住，**确定有效的理财目标需要注意以下三方面**。**首先，区分并归类目标**。即区分哪些目标是必需的，哪些是非必需的。譬如日常基本生活、孩子的教育等属即期支出，而购房、购车、旅游等则属可延缓支出。不妨对各种支出进行排序，坚持‘**先急后缓原则**’，减少不合理消费，逐步实现预期目标。**其次，估算实现目标的期限**。理财目标要在结合实际的基础上细化、量化，既不要好高骛远，又不能纸上谈兵。要清楚地了解实现这些目标所需要的期限。比方说，若期限较短则需要比较保守的投资项目；反之，如果期限较长，就可以进行一定程度的风险投资。**第三，有效防范阻碍目标实现的风险**。日常生活中，我们每天都有可能受到意外、疾病的威胁，如果没有准备，一旦意外不期而至，将直接导致家庭财务中断。因此，确定理财目标的同时更要有效防范风险，尤其是重大疾病和意外伤害方面的风险。”

说着，三个人重新回到饭桌前。

表姐将米饭里斜插的笔放在桌上，继续道，“**在确立有效的理财目标后，接下来要做的是自省**。说白了，就是关上门，揭自己的家底，对家庭财务现状进行全盘分析。一如医生在确定治疗方案前，先要让我们毫不掩饰地剖析自身病情。同样，只有全面了解家庭财务状况，才能结合理财目标合理规划。”

“怎样去进行全盘分析呢？”

面对章璋这样一个理财生手，表姐只能将复杂问题简单化。“首先，掂量下夫妻双方目前月收入分别是多少，包括固定收入和额外收入。其次，根据目前家庭收支状况计算出月支出、月结余或月负债比率。第三，现阶段的主要投资方式及盈亏情况。第四，预估未来短中期内收支比率的变化趋势。提醒一点，家庭月结余比率并非越高越好，综合提升结余资金的增值能力才是关键。”

章璋暗自思忖。婚后两年的“丁克”生活，月结余比率并不高，算上去不足20%，但未来在收入恒定的情况下，结余比率是迅速锐减的，甚至产生负债。因为孩子的出生会使家庭收支结构出现较大变动，尤其是支出方面，依目前的状况，入不敷出是必然。章璋在想，或许丈夫的思虑有他的道理。

自省过后，接下来需要确定的是家庭风险偏好，即能承受多大风险。**一般来说，风险偏好分为保守型、轻度保守型、中立型、**

轻度进取型和进取型五种。风险偏好越倾向于进取，即越期望获得更大收益，也就越愿意承担更大风险。但有必要说明的是，一个人愿意承受多大风险只能说明这个人的风险倾向，并不代表其真实的风险承受能力。

“那判断风险偏好又有什么用？”在章璋看来，这类风险测试简直就是多此一举，甚至不及星座测试来得实用。

“任何投资，成败首先取决于对风险的认知程度。譬如一个人的风险倾向是保守的，纵使其再有钱，也不建议过多投资高风险领域。因为一旦招致巨额亏损，即便不会使生活难以为继，也会让这个人因亏损而抑郁良久。毕竟本质上，其是个金钱保守者。反之，如果一个人的风险倾向是进取的，却偏偏将大量资金投入低收益保本产品中，尽管本金没有受到任何损伤，但此人仍会因收益无法达至预期而郁郁寡欢。所以，只有理性地对待自己的风险偏好，清醒地知道自己所能承受的风险大小，并据此选择相匹配的产品，才能在有效控制风险的前提下实现预期的财务目标。而如果风险错配，尤其是在高收益诱惑下，不顾自身风险承受能力，重金投资一些完全不对路的高风险产品，到头来也只能是站在残局上追悔莫及。”

若按表姐的说法，章璋觉得自己应该属于轻度进取型。

“你已经成家，所以在确定风险偏好的问题上，当以家庭为单位。也就是说，你们两口子要结合各自的偏好，综合制定具体的理财方案。而且，风险偏好也并非‘你觉得’这么简单，需要通过简单自测。改天有时间，你到我单位，10 分钟让你清楚认识自己的'投资取向'。"

章璋颔首不语，不知再问些什么。因为自己确实没有考虑过从'丁克'变为怀孕生子，变化的绝不只是人口的增加，还有家庭经济运行情况的突发性转轨。

"具体理财方案的制订，我会在摸清你们的投资偏好后，提出针对性建议。可我得把话说在前，理财方案制订后需要定期调整，决不可一竿子插到底，几年不变。虽说不像定期修剪头发这般频繁，但至少要做到每年年检一至两次。因为随着年龄的增长，生命周期的变化，家庭理财目标也会相应发生变化。我常告诫身边人，家庭理财是一个长期、动态的过程。尤其在市场情况瞬息万变的大环境下，更应及时审视家庭财务状况变化并调整财务结构，包括**'三关'，**即**关注收支变化，关注资产负债情况，关注其他日常消费项的较大增减**。**而在'三关'的**过程中，还需了解经济发展走势，及时掌握市场信息。"

"这个我能理解。某种程度上，家庭就是承载我们的那部车，运行于生命之轨，年检只是为更幸福地前行。好在我有表姐，能得到随时随地给我指点和建议。"章璋的这句话完全是灵感迸发，她从心底不希望这部溢满甜蜜的车因某个过路风景而荒唐出轨。

思前想后，章璋还是心有不甘，更弄不清女妖精究竟比自己强在哪儿。可心里再七上八下也只能径自消化。

表姐似乎看出了什么，却又无法明说。能做的，只是以专业角度，给她一些过来人的建议。

"不论制定怎样的理财方案，我觉得都少不了保险的身影。而且，作为像你这样的职场女性，更得把自身保障做足。记住，女人在为事业和家庭付出的同时更该对自己好点儿。”

章璋瞬间如遇知音般攥住表姐的手，似乎此时无声更胜有声。“是的，女人只有先爱自己，才能更好地爱家人；只有让自己变出色，生活才会跟着有颜色。何况现实社会下，小三比病毒还猖狂，前任比瘟疫还可怕。”

表姐也握着章璋。“知道吗，对我们女人来说，一张全面的保单远比一纸婚约来得可靠，这也是我给所有女性客户一份发自内心的建议。因为谁也无法保证婚姻永久牢固，即使对方不变心，也有可能无法陪你走到生命的最后一刻。终归男女寿命长短有别，加之结婚时的年龄差异，导致多数女性或将度过 3 至 12 年的独居晚年。但保险与女人的结合则完全不同，它自始至终都是忠诚的，永远不会违约，甚至在你罹患重病遭遇意外时依然不离不弃。”

表姐的话，不禁让章璋想到了曾经去世的梅艳芳与姚贝娜，于是莫名为女人感伤。“是啊，女人这种坚忍的动物，在外是女汉子，闯荡职场一争高下；回家是女佣人，料理家务照看孩子。责任与担当并不比男人少，甚至付出更多。而且，从生理角度来说，女人的生理机体结构比男人更复杂，会经历妊娠期、分娩期和哺乳期，这也使得我们女人在工作生活中承受更多风险。”

“所以，在给男人买保险的同时，女人其实更需要保障的关爱。譬如，像宫颈癌、乳腺癌和盆底功能障碍性疾病等严重困扰健康和寿命的女性专属病种，是务必要提前做足相关保险规划的，也就是市面上我们常见的‘女性险’。但现实情况下，通常在家庭资金有限只能顾全一个人的保障时，秤的杠杆是倾斜给‘家庭顶梁柱’的。”

“像我这样的情况，应该购买哪一种呢？”章璋不改心急本色，恨不得立即与保险“联姻”。

“先别急，你至少应该掌握个大概情况，才能明白自己为什么要投某一款。纵览**目前市场上的女性保险产品，主要分四类**。第一类是特殊期保险。即针对女性特殊时期而设计的保险，最为常见的是生育期保险。毕竟高龄产妇的增多，环境污染的加重，工作压力的增强，都直接或间接影响着母亲与胎儿的健康。第二类是专用型保险。即针对女性生理特征而设立的相关保险，专门为女性的乳腺癌、卵巢癌、宫颈癌等妇科疾病提供医疗保障。第三类是呵护型保险。考虑到女性的爱美需求，当被保险人遭受意外事故需接受整形手术时，这种女性险可以对治疗费用进行理赔。譬如某女性健康险种就比较全面地涵盖了女性易发的恶疾，保障范围还包括了意外整形手术保险，即由意外导致的毁容整形手术等。第四类是储蓄型保险。此类保险与一般不分性别的储蓄型保险相差不大，但在设计上突出了一些‘女性尊享’理念，比如会有一些免费女性体检、美容健身场所打折等附加优惠，使此类险种更像某些作为身份地位象征的珠宝首饰。

章璋听得竟有些激动。“怎样才能在投保中一步到位，买全所有保障呢？”

又是如何一口吃个胖子的问题，表姐一时无语，“投保终归也是理财规划的一部分，所以同样需要根据不同年龄段所面临的具体风险有针对性地购买。”表姐突然加重语气，“比如，20岁、30岁、40岁的女人所选择的品种是完全不同的。首先说二十多岁的单身女性，应优先配置意外险。因为这一年龄段的女孩子大多刚刚参加工作，虽没有过多的家庭负担，但收入也处于起步状态相对较低，故在保费的选择上受到局限。这样一来，意外风险保障类的产品或消费型的定期寿险，每年保费只需数百元，完全有能力支付。其次，再说说和你一样步入婚姻阶段的女性，最好侧重终身或两全保险形式的女性寿险。因为这类产品既能对女性被保险人的身故进行赔付，满足她们对整个家庭的一种责任担负，有些还能以现金返还的形式为女性投保者提供养老年金的保障，甚至更有特别为女性投保者提供专属的女性健康保障、女性整形保障，抑或妊娠期风险保障等。当然，这类女性寿险的保费通常不高。譬如一款10万元保额，20年缴费，保障至终身的产品，年缴保费在4000～6000元之间，不会给家庭带来太大负担。

“每月节省着花，一年攒个几千元保费应该不成问题。”听表姐如此一说，章璋成竹在胸。“明天就帮我联系家公司，这几千块钱保费手头就有。”

“先别急，你还有孕在身不是吗？”

“这和投保有什么关系，我这身轻如燕的，别担心。”

“我是不担心，可人家保险公司担心呢。尽管，法律上并没有明确规定孕妇不能投保，但女性妊娠期的风险概率比正常人高很多，这是事实。比如怀孕的前三个月与分娩前后都属于孕妇的风险集中期，所以各家保险公司对孕妇投保都有一定限制。因此我通常建议育龄女性最好在怀孕前投保普通的健康险或女性健康险。”

“难道就没有专门针对孕妇的保险吗？”

“孕妇保险是有，却并非市场主流。大体上主要分专门的母婴保险和附加型母婴保险两种。前者同时覆盖了准妈妈和宝宝的健康保障，但在保险期限与承保对象方面有详细的规定。一般情况下，保险期限为 2 至 5 年，投保的准妈妈则必须符合 20 至 40 周岁的年龄区间，且怀孕未满 28 周。”

“我就符合啊。”章璋一如找到了组织，抓紧询问起接下来的细则。“那投了这种保险后，也就意味着在怀孕、生产期间没有任何后顾之忧了？”

“基本上是。可也要看具体产品的具体规定。笼统讲，专门的母婴险其保障范围不仅覆盖了孕妇身故保障和妊娠期疾病，也包含了新生儿死亡保障和先天性疾病保障，且有的产品还包含给住院生产孕妇的关怀金。而投保期满后，孕妇甚至还能获得一份生存金和满期金。相比之下，我刚才说的第二种附加型母婴险，通常是在投保了女性保险或寿险后才可投保的一种保险，保障期和交费期都比较久。”

“我觉得专门的母婴险更适合我。”

表姐边点头边说，“等你生了孩子，就意味着不论生理还是心理都迈入更为成熟的阶段，可也预示着我们在逐步走向中年——这个在所有女人看来都如临大敌的年纪。是的，就是我们曾觉得非常遥远甚至事不关己的不惑岁月。女人到了那个时候，胶原蛋白比时间流逝还快，身体机能也在慢慢锈蚀。所以，终身型女性健康险不得不被彼时的自己纳入规划。尤其对于那些40岁前尚未给自己规划过任何保障的女人，就更得好好安排一番。与20岁、30岁的女人不同，中年女性在投保终身型女性重大疾病保险时，尽量选择缴费期较长的产品，这样一来假使在缴费期内出险，也可以免缴之后的保费了。”

“听上去，感觉保费越贵的产品越高级。就像化妆品，雅诗兰黛确实有它贵的道理。”

“错。”表姐极干脆地回应道。“购买保险，保障范围与保障额度才是衡量保单价值的首选因素。就像你买护肤品，最先关注的一定是功效与成分，如果雅诗兰黛对你的皮肤起不到任何作用的话，即使它再大牌，相信你也不会一直用下去，不是吗？况且，若价格上贵到无法负担，也不可能促成消费。所以，家庭总保费支出尽量不要超过家庭收入的10%。”

“对了，姐。”章璋顷刻间想起什么。“你刚才说遭受意外事故需要接受整形手术时可以通过保险来获得赔偿，那么如果在未遭受意外事故的情况下，只是出于爱美之心进行整形，可不可以通过投保相关产品来转嫁风险呢？比如我这个塌鼻梁想植入假体把它垫高。”

对于章璋的跳跃性思维，表姐匪夷所思。“据我所知，即使在医疗技术足够成熟的今天，包括植皮、隆鼻、割双眼皮、削骨等在内的常规整形手术项目也依然暗藏较大风险。以你所说的隆鼻为例，人体本身会对外来植入的假体存在排斥，严重者还会留下后遗症。从目前的市场情况来看，只有极个别的保险公司针对主动求美者推出了整容手术系列险，包括眼部、鼻部、颌面、乳房和吸脂等整形手术，此外还有准分子激光眼科手术安心保险。投保人可根据整形部位的不同有针对性地挑选。”

“能详细说说，这类保险大概的保额和赔付标准吗？”章璋跃跃欲试。因为很长时间以来，她都对自己的鼻子忧心忡忡，但又怕万一手术失败还不如不折腾。此番听到竟存在专门为求美者准备的整容险时，那颗一直按捺的整容心再一次翻滚起来。

“说到保额，可能要让你失望了。就目前市场上仅存的几款产品来看，眼部整形手术每份保费 20 元，每份最高保险金额为 1 万元；其他包括鼻部、颌面、乳房和吸脂等整形系列产品每份保费 100 元，每份最高保险金额为 5 万元；而激光眼科手术险每份保费 50 元，每份最高保险金额 10 万元。此外，这几款产品的保险期限均为 90 至 180 天。”

“那可不可以一次性重复购买多份？”

章璋的意思是想借由多次投保达到增加保额的目的，却未料遭到表姐的直接拒绝。

“你当保险公司是白痴吗？像这类风险发生概率较高的美容整形手术，绝大多数公司不会轻易涉足。只有极少数为吸引市场眼球的保险公司，才会壮着胆子在特定时间段内推出，但他们势必在风险管控上加大力度。从我了解到的情况看，这类整容险产品每人最多只允许投保两份。要知道，精算师毕竟比你高明。即使发生合同中约定的意外事故，最终实际拿到手的理赔金也没想象中那么多。举个很简单的例子，如果你因为接受鼻部整形手术而在手术区域发生需要手术引流的严重化脓性感染，保险公司只给付保险金额的 10%；如果手术造成无法恢复的鼻子歪斜、感染变形、硅胶脱出其中之一的后果，则给付保险金额的 20%；如果导致面部神经损伤至面瘫，也只能给付保险金额的 40%。这些，都会在保险合同条款中列明，没有任何商量余地。”表姐仔细端详着章璋，文静秀美中带着为人之妻的贤惠。“做事情不要再那么小孩子气，如此俊俏的脸，为何去冒动刀子的风险呢？再说你都已经怀孕了，接下来要做的事情还很多。整容，我看还是算了吧。”

抛开求美不谈，站在偏离丁克的岔路口，章璋忽然觉得，生孩子这件事，绝非只是增强婚姻黏性这般简单。因为对于一个根本不懂理财规划没有多少存款的家庭来说，孩子的降生会顷刻间扰乱一切。所以，她终于明白，“假丁克”为什么最可怕。在某种程度上，无异于空手应战。但，思前想后，她还是想把孩子留下来，因为心底对安全感的向往已超乎对经济能力的担忧。至于整容，的确应放置一段时间，不能再心血来潮了。

为最大限度减少孩子对经济的拖累，章璋饭后便随表姐前往理财医院，抓紧做了“风险测试”，并随手复制了电子版。

测试过程不到五分钟，但每个问题都需要实话实说，毕竟这关乎接下来的投资取向与资金定位。于是，在理财医院的客户登记簿上多了章璋的风险测评书。

风险测评

本测评旨在了解您对投资风险的承受意愿及能力。测评结果也许并不能完全呈现您面对投资风险的真正态度，故需要接下来与理财医生进一步沟通。

1. 您目前所处的年龄阶段为:

A. 55 岁以上

B. 40～55 岁

C. 30～40 岁

D. 30 岁以下

2. 您可用来投资的实际资金量:

A. 10 万元（含）以下

B. 10 万至 100 万（含）

C. 100 万至 500 万（含）

D. 500 万至 2000 万（含）

E. 2000 万以上

3. 您的投资目的是什么:

A. 超过通货膨胀就好（年收益率为 5%左右）

B. 获取较稳定收益（年收益率为 10%左右）

C. 获取较高收益（年收益率为 20%左右）

D. 博取高额收益（年收益率为 30%以上）

4. 您觉得以下投资期限哪个更适合:

A. 1 年以内

B. 1～3 年（包括 3 年）

C. 3～5 年（包括 5 年）

D. 5 年以上

5. 您在投资时，能接受一年内的最大损失是多少：

A. 跌幅 10%以内

B. 跌幅 10%～20%之间

C. 跌幅 20%～30%之间

D. 跌幅 30%以上

6. 某投资组合未来 3 年里的平均收益、最好及最坏收益情况如下，您会选择哪种：

A. 平均年收益率为 2%，最好情况 3%，最坏情况 1%

B. 平均年收益率为 6%，最好情况 13%，最坏情况-2%

C. 平均年收益率为 8%，最好情况 53%，最坏情况-35%

D. 平均年收益率为 10%，最好情况 65%，最坏情况-45%

7. 您现阶段的家庭年收入属以下哪个区间：

A. 10 万元（含）以下　B. 10 万至 20 万元（含）

C. 20 万至 50 万元（含）　D. 50 万元以上

8. 您预计家庭年收入在未来 5 年里将呈下述哪种趋势：

A. 有所下降

B. 维持稳定

C. 小幅增长，在 10%左右

D. 大幅增长，在 20%以上

9. 您现阶段的家庭月生活消费支出约占月总收入的：

A. 71%～100%以上 B. 51%～70% C. 21%～50% D. 0～20%

10. 您曾投资过的风险最高的产品是：

A. 储蓄、银行理财产品、货币基金等风险极小的现金管理工具

B. 债券或债券类基金、固定收益信托等

C. 股票或股票型基金

D. 期货或期货类基金、PE、房地产基金、艺术品基金等另类投资产品

以上全部测评试题勾选后，请按如下计分标准综合累加：

A=1 分； B=2 分； C=3 分； D=4 分

下表是根据您对上述问题回答的总分，评估您在面对风险时所持有的一般态度。

您的风险等级	风险承受能力	得分区间	评析	适合的基金风险等级
	保守型	10—13分	您的投资目标是寻求资本的保值，其次为资本的缓和升值。可承受的风险较低。	低风险
	稳健型	14—27分	您的投资目标是寻求资本缓和升值，其次为资本保值。可承受中等风险。	中风险 低风险
	积极型	28—40分	您的投资目标是增值财富，您可承受一定风险，了解高收益总是与高风险相伴随。	高风险 中风险 低风险

一直以来，章璋都觉得自己是个激进派，做任何事大都一拍脑门，很少顾及后果。按理说，这种激进的性格放到投资上，也应是那种打打杀杀的风险博弈者。可是，测评结果却令章璋不可思议，自己竟然属稳健型投资者中的较低得分者。故在表姐看来，

她的风险承受能力介于保守型与稳健型之间。尤其在回答第六题时，她毫不犹豫地选了 A，几乎没有迟疑。

章璋告诉表姐，选择 A 是因无法接受其他选项下的最坏收益。如果题目中涉及不到最坏的情况，那么也就不会甘愿接受那微薄到可怜的平均收益。

“这就是为什么很多人愿意通过股票、期货等方式谋求财富最大限度的增值，却在遭遇亏损后无法接受给生活带来的重创。其所忽略的是，高收益与高风险永远是结伴而行的，当笑着迎接高收益的美好时，也意味着已经接纳风险吞噬本金的第二种结局了。”

“终于明白，风险测试的必要。它其实不单有助于接下来的理财方案制定，同时更提醒我们该如何正确对待投资这件事。毕竟谁也不希望当最坏的结果降临时，生活质量因此而倒退。”

那天之后，章璋成了理财医院的常客，几乎一有时间就会过去找表姐聊上几句，哪怕只是聊聊最近哪只基金比较抢眼。渐渐地，她发现，因为深入到理财的世界，自己凡事学会了计划。因为懂得了计划的重要，所以整个人的思维变得更条理井然；因为大脑从杂乱转为条理，所以生活也跟着有了质的飞跃。她不但合理规划着家里的每一笔收入，更为自己制定了八小时之外的充电计划，又是练瑜伽又是学烹饪。不知不觉间，婚姻中曾经的情感裂痕也在章璋的这份改变中被抚平。

原来，每个人都是生活的舵手。我们要学的是如何去左右生活，让它变得更美好，而不是被生活所左右。

【财人新计】

原本计划是不要孩子的，可计划最终没能赶上变化。这就是当今社会的“假丁克”一族。

其实，“假丁克”本不可怕，可怕的是那些手头没多少存款却花钱如流水，习惯了二人世界的“穷假丁”们。俗语常言，不打无准备之仗。所以借着怀孕的这十个月，“穷假丁”们首先要做的便是经济上的准备及未来家庭资产规划的调整，这绝非只是少下几次饭馆，少买几件衣服以增加流动资金这么简单。至少，要在想办法增加收入的前提下做到最基本的“分层投资”。

一般来说，有两种比较常见的分层方法。

第一种，是在预留出 10%左右的资金以保证日常开销的基础上，将其余 90%的资金按三等分比例进行投资。第一个 30%可用来从事低风险投资，譬如购买一些 3 个月至 1 年期的短期固定收益理财产品，其收益大多能够跑赢银行定期存款利息，且保险系数也相对较高。第二个 30%可从事中等风险投资，比如进行期限在 1 至 3 年的中长期投资，包括购买黄金、大宗商品等挂钩类产品，以及持有极具成长潜力的消费、能源板块股票或指数型基金。而剩余的 30%可考虑适度从事高风险投资，譬如信托、股权投资等。

第二种，是在预留出 10%的日常生活金之后，将 40%的资金从事稳健型资产配置，如银行理财产品、保险等。20%至 30%的资金投资于券商集合理财、基金等有一定风险的产品。5%可配置与黄金市场相关的产品。而余下的资金可以作为弹性配置，也就是说，如果某部分市场表现相对较好，则可依照实际情况增加这部分的投资比例。

事实上，在家庭理财实务操作中，分层投资的最大好处是满足家庭成长过程中的多种需求。上述两类分层方法，只是最常规的资金划分参考，对于那些并不擅长理财的“假丁克”来说，可作以借鉴。倘若时间与精力允许，最好每三个月检视一次，最长也应半年进行一次自检。

除此之外，考虑到“假丁克”夫妻即将为人父母，故要及早完善自身保障，增强小家的抗风险能力。但凡条件允许，除给“顶梁柱”投保外，“半边天”也绝不可自弃。终归，女人的生理比男人更复杂。建议女性在进行个人保险规划时，本着如下“搭配公式”：未婚女性=健康险+意外险。已婚女性=重疾险+养老险。需要注意的是，购买重疾险时务必要把过往病史告知清楚，千万不要抱着侥幸心理带病投保，因为理赔时保险公司一旦在医院了解到客户有相关病史则拒赔，得不偿失。

投资学区房的纠结

“秦姐，我是房产中介小王，上个月您看的那套学区房这两天已经有客户交了订金，我只能再给您物色其他的。不瞒您说，好房源真的越来越少了，要是想买还得趁早。”

秦欢颜放下电话，再度陷入纠结。

两年了，一家人在这件事上始终分歧不断。她主张学区房是一定要买的，为的是获取最优质的教育资源，让孩子赢在起跑线。可老公觉得，现有贷款尚未还清前不宜再购房。况且，只是为上个重点小学就更没必要兴师动众，搅乱正常生活。

秦欢颜不是没考虑过家庭经济问题。以她的思路，公婆眼下居住的老房完全可以卖掉，然后再凑钱换成市中心的学区房。一来老人生活便捷适宜养老，二来也方便照料孩子。可这自认为周全的规划，却引来丈夫的极度不满。为什么不卖掉丈母娘的房子？我父母这把年纪，身体已自顾不暇，让他们像老妈子一样看孩子，你也忍心？于是丈夫与秦欢颜的这出对台戏就这样你方唱罢我登场，直到孩子五岁。学区房依旧只是泡影。

眼看着离孩子就学年龄越来越近，秦欢颜迫不得已实施了借钱买房的第二计划。既然谈不拢那就私下筹款。她大致估算了下，一套 50 平方米的老独单学区房少说也得 150 万，首付若按三成计算的话就有近 50 万。她自己能解决的只有十万，且前提是要赎回现有的一款保险产品。其余部分只能挤兑父母的养老金，若再不够就求助闺蜜。反正无论如何，秦欢颜买定这学区房了。

并非赌气之下的冲动。相反，能狠下心来做此决定恰恰是经过秦欢颜深思熟虑的。

首先，孩子就读重点学校问题迎刃而解。其次，从理财的角度看，将房子简单装修后出租，每月租金还能充抵部分贷款，大大减轻压力。其三，退一万步讲，中心城区的房子就像黄金，属稀缺资源，日后出手绝对不亏。或者等待旧楼拆迁，政策上也必有惠顾。总之利大于弊。

于是工作之余的秦欢颜几乎把所有私人时间都献给了房产中介，除了在家，基本上不是在选房看房，就是在议价。久而久之，随着看房次数的增长，她竟也成了专家。

所谓懂得越多顾虑越多，秦欢颜的选房路也因此变得难上加难。她甚至仅仅因为风水不好就轻易错过一套性价比非常高的房子。比如刚才那个电话，不论户型还是价格基本都符合条件，可就是因为阳台正对着医院大门，阴气太重令她惴惴不安。

“您买的是学区房并非居住用，管它阴气阳气的，价位妥当才是关键。如果再犹豫来犹豫去的，恐怕这片儿的学区房真就没了，好多客户都虎视眈眈盯着呢。何况，您闺女都五岁了，明年就得入学。而且您又是贷款买，审批时间也要考虑进去。前后算下来，最晚年底以前就得定夺了。”

中介小伙的话像无休止的闹钟反复敲打着秦欢颜，加重着她内心的纠结。

令其纠结的不只是中介，还有莫名邂逅的业主。

一次看房，秦欢颜听隔壁房主说，这一带虽被划入重点小学片儿区，但因房子是20世纪70年代盖的，算老房里的“耄耋房”了，今天掉墙皮，明天堵下水，赶上阴雨天，屋顶变澡堂，连房管站都头疼绕着走。

攀谈中，秦欢颜得知这位女房主四年前也是为了孩子就读重点小学而慷慨买下，甚至卖掉了家里的商品房。原本打算住进来后将就到孩子小升初，再倒手换房。熟料搬至此地的当天，问题就接二连三地接踵而至，令人苦不堪言。而所有这一切，当初购房时不论卖家还是中介，都只字未提。他们只是想着赶紧拿钱走人，越快越好。

“所以相信中介不如相信自己的眼睛。”女房主友善地提醒着纠结倍增的秦欢颜。“尤其对于年代久远的“超龄”学区房，就更得睁大眼睛多问多调研，听听像我这样的老房主们怎么说。”

“那您干脆提前卖了它，哪怕麻烦些也总比破漏着生活强。况且。时间久了房子会带坏人的运势。”

秦欢颜话未说完就被女房主急急打断。“我哪还顾得上考虑运势，要是能卖，巴不得赶紧脱手，哪怕暂时租房。但问题是，根本就没人买。您是不知道，大小地产中介和房产交易网站我都挂了牌，上传的照片也通通是美化过的。即便如此，一波又一波的看房者来过之后皆无下文。后来我才知道，网上有专门的文章分析如何选购学区房的问题，其中作为反面典型，指名道姓地提到了这个小区。不外乎房子超老，脱手时有价无市。楼梯地板均为木制老结构，易诱发火灾，隔音效果差，后期维护较为麻烦。这种情况，你想想谁还愿意接手？唯一的希望只能是被动等待拆迁。

但是。问题又来了。”

女房主根本停不下来，如祥林嫂般滔滔不绝地缠着秦欢颜，不同的是，女房主的话比祥林嫂更有价值。

“如果拆迁，总要有财团出钱，这个地点估计每平方米五万都没人会走。这样一来，那些资金有限的中小财团便被挡在门外。而大财团虽说掏得起这笔钱，却相不中这前后加起来只四栋楼的有限面积。充其量仅勉强盖个写字楼，可周边配套又格格不入，不上档次，大公司不愿租，小公司租不起，总之成本回收非常困难。据说十年前这里就嚷嚷着规划，到现在又怎样呢？旧楼改造都赶上两回了，楼体楼道粉刷得跟新盖的似的，活脱一个整了容的老妪，表面光鲜，内里糟粕。”

秦欢颜每每想起女房主的抱怨就全然不知所措。于是她告知中介，在其选房条件中特别缀注上“非新房、次新房一概不考虑”。可是很快，她发现自己根本担负不起动辄三四百万的天文数字。那些同去看房的买家们不是私企老板就是央企中层，张口一出都是全额付款，连眼都不眨。自认为收入还算可以的秦欢颜只能相形见绌了。她也不是没想过卖出父母的房子全款买套小学附近的新房。但一位女同事的前车之鉴却又让她在极短的时间内打消了这份念头。

那同事两年前离的婚，折腾至今才刚刚消停。据传，当初她给孩子购置学区房时，因首付不够便卖掉了父母的老房弥补差额。这看似划算的一卖一买间，虽解决了孩子的教育问题，但房产归属却在不觉中由婚前父母私有财产转换成了婚后夫妻共同财产。

结婚十年，孩子都六岁半了，婚姻还能出什么问题。女同事压根儿就没把财产公证当回事。在她眼里，只要自己这边不出岔子，老实巴交的丈夫就更不会有啥风流韵事。然而她错了，直到离婚那一刻，才幡然悔悟。原来，老公始终在以本分的面目掩盖着非分的行为，甚至背着她与小三有了子嗣。婚姻的破裂随之引发的是一场关于财产的争夺，更具体来说，是对于学区房的争夺。结果如何，秦欢颜不得而知。但可以想象，女同事所承受的绝非只是心理与精神上的压力与刺激。

老房不敢买，新房买不起。投资学区房简直成了秦欢颜的心病。可为了女儿能获得最好的教育，这房终究还得买。于是继续矛盾，继续纠结。

孩子就是生命的延续。他的好坏直接关乎全家人的颜面。作为中国家长里的一分子，秦欢颜当然也崇尚着“再穷不能穷教育”的理念，让孩子提早与世界接轨。故每周六下午，便成了她陪女儿到新东方学英语的固定时间。

这一天，空气出奇的好，久违的湛蓝。

秦欢颜在等待女儿的两个小时里漫步于学校附近的街心花园，接打着中介电话。不外乎还是之前看过的一些老龄房源。很显然，这些难以脱手的剩房必定隐藏着不可告人的秘密，所以中介才不遗余力地定期推介。

走走停停中，树丛深处隐约传来收音机的声响。“广告之后，我们再接着聊聊选购学区房的问题。”

学区房，秦欢颜瞬间像找到线索的探警，寻声走去。

是个盲人。她静静地坐在木椅上，握着一只掉漆的老式收音机。阳光透过枝叶间的缝隙淌在她身上，却驱散不走那眼前的黑暗。秦欢颜不想搅扰这份宁静，便轻轻地站在她身旁，甚至也闭上眼睛全神贯注，听着电波中流动的声音。

“欢迎回来，继续锁定我们的节目，接下来有请大文老师继续给我们说说投资学区房的那些事儿。如果您在这方面有任何疑问，除可拨打直播间的三部热线及在短信平台上与节目实时互动外，还可添加理财师的微信，微信号是‘大文理财’的拼音全拼。”

当主持人提到添加微信时，秦欢颜火速掏出手机，搜索开来。

“我们刚才聊到在挑选学区房的过程中家长需要注意的问题。其中最重要的一条您要记住，就是**名校附近的楼盘并不一定都是学区房**。这一点，很容易被购房者忽视。同时也是开发商最容易大做文章的地方，毕竟优质教育资源供应有限，无法满足所有家长望子成龙之心。比如，一些重点中小学附近所开发的楼盘，首期或许属于学区片，但往后的二三期则毫无关联。可开发商为促进销售，依旧披着‘教育地产’的外衣抬高身价。”

秦欢颜对此深有感触。她不禁想起去年冬天在实验小学附近看过的一个楼盘，那是合众地产的第四期住宅项目，地处两个区的交汇，紧邻马路。单从小区名称看，与前三期别无二致。于是人们在惯性思维驱使下错以为四期也是学区房。幸亏秦欢颜出手迟缓，不然也跟着中了开发商的计。

“实际上，”电波中的声音再度涌入耳畔，“很多置业者在购买后才发现，原来自己买的根本就不是学区房。所以，在购房前您一定要咨询清楚，所买的‘学区房’是否真有学区名额。毕竟开发商不是教育机构，楼盘承诺的教育环境要受到第三方制约。在此，推荐给家长们一个较为保险的做法，即在购买新房的合同附加备注中写明‘开发商承诺房子归属某学区且拥有入学名额，若承诺不属实将做出一定金额的赔偿。’至于赔偿多少，双方可事先进行约定。总之一句话，楼盘‘近’名校只代表交通便利，并不意味着就能‘进’名校。更何况学校片区适龄入学人数每年都在变化，一些名校周边通常会出现生源大幅增多现象，因而各地主管教育部门会根据当年的实际情况，在学区划分上进行微调。建议准备购房的家长，务必先到所属区教育局详细了解招生政策，并留意最近几年的招生范围。尽可能选择那些常年归属在名校范围内且更靠近学校的小区。特别注意的是，如果目标房源恰好位于两个学区的交界附近，就更要格外当心了，很有可能随着调整，原先的名校学区变成了普通学区，导致一切准备付诸东流。”

“选购学区房，看似很简单，实则包罗了诸多琐碎细节。稍有疏忽，很可能买了房，孩子依旧被重点学校拒之门外。”主持人轻快的语音令人如沐春风，却让秦欢颜感到莫名紧张。“短信平台上一位叫‘叶子’的网友询问购买学区房的户口迁移问题。这位朋友说，去年花高价买的学区房，户口一直到今天也没落进去，如何解决呢？”

“新买的二手学区房，如果原房东不把户口迁走，那么将直接影响孩子上学报名的问题，这位网友的提问很具代表性。一般来说，一些学位紧张的区片，房户在录取序列上往往更优先。而新楼盘方面，除少数不要求户口外，大部分情况下入读小学都需与房产证和户口挂钩。在此提醒家长朋友，二手学区房买卖过程中，由于产权过户与户口迁移并非同时进行，一般来说，是先办理产权过户手续，而后再办理户口迁移手续，即卖家先将原有户口从房产所在的地址中迁出，而后买家才能将家庭成员的户口迁入。显然，户口的迁出与迁入有着严格的前后关系。也就是说，必须是原有户口全部迁出之后才能办理户口迁入手续。否则，即便房产产权属于自己，也仍可能由于原户主户口未及时迁出导致无法办理迁入手续。而学校在招收新生时需要满足落户及入住两个条件才可报名入学。所以购房者最好与原房主单独签订书面合同，注明户口迁出的时间及违约责任。总之为确保孩子能如期入学，家长在购房时应首选那些没占用过指标的学区房。若只能购置二手学区房，也应尽量在付清全额房款前确保房主的户口已迁出。如果购买的是学区片内的新楼盘，亦务必及时把户口转过去。”

需要满足“落户”及“入住”两个条件才可报名入学。秦欢颜的紧迫感再度袭来，买房这关还没过，又何谈牵户？可眼瞅着距离女儿上学的日子一天天近了，晚一步买房就有可能在入学环节上出岔子。不觉中，心也跟着加速跳起来。

待注意力又一次回到节目时，只听理财师重复说，“所谓的‘就近入学’，其实并非是指绝对地理位置的远近，更没有一个统一的判定标准。一些家长时常错误地认为只要所购房产距离某小学最近就一定能顺利入学，殊不知各学校在政策的具体执行上还有诸多细节。比如像北京、上海等一线城市，很多炙手可热的名校常年生源过剩。于是为控制逐年增长的学生数量，学校会依据实际情况对‘就近入学’的条件进行严苛限定，甚至细化至对招录新生户口转入时间、入住时间上的硬性要求。基于此，家长们在购买或投资学区房这件事上切不可‘临阵磨枪’，譬如孩子下半年入学，上半年才刚想到买房。但同时又不可‘操之过急’，即不进行调研就盲目下手。正确的做法是，提前物色好目标学校并逐一咨询，特别是对区域划分的限定，入学方面的要求，同一套房的名额标准等都要格外了解清楚，以便有的放矢地购买。”

“提前物色目标学校，这个‘提前’如果给它具体化，大概在孩子多大时呢？”主持人的疑问也恰恰是秦欢颜最想知道的。

“保险起见的话，孩子 3 岁开始上幼儿园时，有购房意向的家长就应该着手考虑物色小学及学区房了。因为有些一线城市重点校对每年新招收生源的户口迁入时间是规定要提前三年的。如果孩子已经超过 4 岁，那么可选的学校范围就会相应收窄，所适合的学区房资源也就越来越有限。”

“也就是说，对于想买学区房的家长来说，尽可能早下手。”主持人特别加重了语气。

“但下手时要明确所购置的学区房是用来自住还是投资。如果是自住，就要考虑以下几个问题。**首先是房型结构，**因为大多数购买学区房的工薪家庭都是将现有住房卖掉再添钱换，而且为方便照顾孩子，双方老人会不定期过来居住，所以至少应该选择三室一小厅或两室一大厅。**其次是居住环境**，包括区域配套及社区配套。这一点需要特别注意。因为很多家长只会考虑房子是否归属某学区而全然忽略了居住舒适度，周遭环境是否嘈杂，以及生活配套设施是否齐全便捷，譬如有无社区商业、周边医院等。基于这些现实问题，建议自住型购房者，在为孩子获取优质教育资源的同时还应尽可能满足日常生活中的多元诉求。**第三是有无动迁风险**，以免造成不必要的损失。尤其是2000年以前的老小区，购买前务必了解清楚是否存在拆迁隐患。否则，白白搭上时间精力与装修费用不说，还打乱了正常生活。”

“那么，如果您买学区房更多为了投资的话，又需要注意哪些方面呢？”理财师自问自答。“投资一套房产，不外乎持有过程中的出租与最终获利后的出售。故理应**首选多数人租得起买得起的中小户型**，总面积控制在30至80平方米为宜。这些小面积的房产在解决子女教育问题后，很容易将其出租赚取租金。从目前的租赁市场来看，小户型学区房的市场需求庞大，很少有空置。与此同时，在投资学区房的过程中还需注意，**不要入手建造时间过早的旧楼**，譬如房龄超过30年的老房子。因为这些‘高龄房’在您数年后再卖时，很可能没人接手，陷入有价无市的尴尬，到时房主只能被动等着遥遥无期的拆迁。”

秦欢颜忽然想起那位喋喋不休的女房主。也不知她的那套“古董房”现在找到愿意“收藏”的下家了吗？

“此外，购房者还需注意价格，也就是得买对价位。”

“大文老师，冒昧打断您一下。我平时看到很多报道，说只要是学区房，不论新房还是二手房，其最大特点就是‘价格坚挺’。而且相对于同片区的其他房产，学区房基本上属于卖家一放盘立刻就有人接，特别是在其他商品房价格普遍被遏制的情况下还在稳步上涨。一些好的学区房价格普遍高出其他房源的20%。照此推论，学区房作为一种稀缺资源，价格不会轻易下跌，那为什么还要注意价格呢？选好片区、房型、环境不就可以了吗？”主持人显然在用明知故问的方式配合理财师，以突出此问题的重要性。

“一般来讲，**贵得离谱的学区房不能作为购买对象**。首先，它的上升空间非常有限，不符合‘低吸高抛’的投资原则。其次，因为买在了高位，致使未来出售价格会被进一步抬高，故能负担起房款的人也就非常有限。据我了解，前些年不少买了高价学区房的置业者，现阶段在抛售时都遇到了难题，他们甚至先后几次调低售价，也未能顺利卖出。这种现象在一些‘高龄房’持有者当中非常普遍。于是促使人们开始偏重于那些楼龄在10年左右的二手学区房，不论性价比还是增值潜力都是最划算的。”

“看来只有‘青春房’在未来转手时不会亏，您可一定要记住。短信平台上刚刚跳出这样一条问题，一位叫大鹏的听众表示，打算放弃不久前预订的‘高龄房’，因为还没付款就已经遇到了‘申贷难’的烦心事。不只这位听众，我也曾听说一些二手学区房只接受一次性付款，如果贷款的话房东宁愿放弃交易。后来才知道，不少二手房从银行那里根本拿不到贷款。是这样吗？”几乎主持人的每一次打断都别有用意，秦欢颜甚是解渴。

“这个问题说来话长。银行对于二手房贷款通常会根据借款人的人品、职业、教育程度、还款能力和所购住房变现能力等情况进行综合评定，会需要借款人所在单位开具收入证明，若申请人已婚，那么夫妻双方可以同时开具收入证明来申请贷款。另外，家庭的其他资产，譬如大额存款、债券、房产等也可作为收入证明供银行参考。一般来说，二手房在进行按揭贷款时银行是有一定限制的。譬如，必须是已取得产权证的商品房，或立即可以取得产权证并入住的商品房。房龄上，普通住房不超过 20 年，其他房产不超过 15 年。贷款成数方面，通常购房者在申请二手房贷款时，银行都会先对房产进行评估，评估值大都低于其市值。而银行在放贷时取合同价和评估价两者之间的低值为基础，再乘以贷款成数，即为房产的最高贷款额度。一般情况下，普通住房最高 8 成，其他房产最高 6 成。也就是说，普通住房的所贷款额度总额最多占整个房产价值的 80%，其他房产最多占 60%。而在贷款期限上，普通住房的房产已使用年限与贷款年限之和最长不超过 30 年，其他房产的已使用年限与贷款年限之和最长不超过 20 年，且贷款期限最长不得超过 10 年。此外，贷款期限与借款人实际年龄之和不得超过 65 周岁。打个比方，一个 40 岁的白领贷款，按揭合同签约之日是 2013 年 5 月 1 日。那么，如果该贷款人的实际生日在 5 月 1 日前，那么他的按揭最长期限为 24 年，而如果该贷款人的实际生日在 5 月 1 日或之后，那么他的按揭最长期限为 25 年。”

秦欢颜大致估算了下，如果自己要购置一套二手学区房的话，以她目前 35 岁的年龄来计算，最长也就能贷 30 年。这意味着，她要为女儿当 30 年的房奴。

“我们刚刚所说的是二手房按揭贷款的最长期限，实际操作中不一定非要贷满整个期限。那么，究竟贷多久才算合适？”理财师的设问，又一次戳中了秦欢颜的神经。是啊，我要贷款多久呢？

“就像量体裁衣，贷款期限的选择也是因人而异的。简单来说，家长们在决定贷款购买学区房之前必须权衡两大因素。一是全面考量自身经济状况，包括现有积蓄、日常收支、未来家庭收入增速及预期还贷压力等；二是要密切关注宏观经济整体运行情况。通常，在自身条件允许的前提下，身处经济降息期时应适当延长贷款期限，反之当经济加息期来临时则应适当缩短贷款期限。”

理财师的话音刚落，主持人立马接了过去。“贷款期限确定后，购房者又该如何选择还款方式呢？”

在长时间与房屋中介打交道的过程中，秦欢颜对于还贷方式也算略懂一二。她大概能说出等额本金与等额本息这两大名词，但至于它们各自适用于哪类购房者却不甚清楚。毕竟她从未贷过款。

“我所接触的购房者，只有少数人具备一次性付款的能力，绝大多数工薪家庭在购房时都会涉及如何贷款的问题。笼统说，目前的还贷方式不外乎等额本金与等额本息两种。”

秦欢颜隔着收音机点着头。

“它们各有优劣，所以不能单纯去评价好与坏。详细分析，等额本金还款方式的优点在于整体支付的利息相对较少，但劣势在于前期还款压力较大。因为它是将本金分摊到每个月，同时付清上一还款日至本还款日之间的利息。以贷款 30 万元，期限 20 年为例，按照当前五年期以上贷款基准年利率 6.55%来计算（商贷），每个月本金还款 1250 元，那么，首月的还贷利息为 300000×6.55%÷12=1637.5 元。即加上本金后的总还款额为 2887.5

元。而第二个月在计算利息时则需要减去首月已经偿还的本金，即(300000−1250)×6.55%÷12=1630.68元，加上当月本金1250元后的总还款额为2880.68元。很显然，使用等额本金方式还款，月还款额是逐渐减少的。倘若未来降息，则每月的还贷利息也会随之下降。故等**额本金还款法可以简单记为'递减法'**。"

那如果用等额本息方式还款呢？秦欢颜心中的默问只一秒后便得到了释疑。

"相较于等额本金的'递减法'，等额本息的最大优点在于每个月的还款数额较为固定，且额度适中。但其劣势也相当明显，即要支付较多的利息。因为银行一般会先收取剩余本金的利息后再收取本金，这样一来利息在月供中的比例会随本金的减少而降低，而本金在月供中的比例则会随着还款时间的推移逐渐升高，但不论二者在还款期间内如何'此消彼长'，月供总额永远会保持既定数额不变。故**等额本息还款法可以简单理解为'等额法'**。同样以贷款30万元，期限20年，6.55%的贷款年利率计算的话，等额本息还款方式下，每个月应还款2245.5元。倘若利率维持不变，至还款期结束时，贷款人总共需向银行支付本息合计538394元左右。而等额本金方式下，最终贷款人所支付的本息和为497318元左右。"

"不算不知道，一算才发现'递减法'原来比'等额法'总共少还4万多元。再凑1万元的话，足够买款银行理财产品了。"主持人看似打趣，实则一语道破了哪种还款方式更省钱。"这样看来，对于贷款购置学区房的家长来说，从看房选房到买房并不算完，您还需选对还款方式。通过上面的分析对比，相信所有人都会毫不犹豫地选择'递减法'。"

未料主持人"只捡便宜"式的思路，遭到了理财师的冷水。

"省钱不一定就适合。"

难道省钱不适合所有人吗？又有谁会放着省钱的方法不用，而去选择费钱的呢？秦欢颜对于这个突兀的否定百思不解。但很快，她从理财师的分析中找到了答案。

"甲乙两个人。甲是某单位中层，也是极有可能被提拔为副总的最佳人选，这意味着甲未来的收入倍增的概率很大。而乙是位刚结婚不久的80后小白领，收入平平且日后生活负担会随着孩子的出生而加重。单看这两个人，您觉得他们各自适宜哪种还款方式呢？"

主持人瞬间哑然。同一时刻，秦欢颜也加速思考起来。

"尽管同一笔资金在同样的还款周期及相同的贷款利率下，等额本金还款法看上去要更划算些。但您别忘了，这种还款方式前期所还数额较大，因此适合当前收入较高或预计不久的将来收入大幅增长，且有提前还款能力的人，譬如甲。相比之下，等额本息还款法虽说利息更多，但月供额度是恒定不变的，贷款人不至于因为前期庞大的还贷压力而影响正常生活。所以它比较适合那些现阶段收入相对较低，未来增长不确定但生活负担日益加重，没有打算提前还贷的人，比如乙。"

"看上去，那些选择等额本息还款方式的贷款人岂不是吃了哑巴亏？本来收入增长预期就小，银行还非要去赚这部分人的利息，也太‘欺软怕硬’了。”主持人大有“路见不平一声吼”的气魄，但也由此将贷款问题引向深入。

“利息高低自有原因。通俗来讲，等额本息还款法之所以要多付一部分利息，是因为贷款人占用银行的本金时间长。而等额本金还款法随着本金的递减，贷款人占用银行的资金时间也相应缩短，故利息自然会少。所以并不存在谁吃亏，谁占便宜多赚利息的问题。当然，如果贷款人收入变动较大，也可在两种还款方式间自由转换，以在应对还款压力的同时达到适度省息的目的。”理财师用尽可能让所有人都听得懂的白话说道，“总而言之，如果从贷款人的所属职业进行判定的话，等额本息还款方式比较适合企业职员、教师、公务员等收入稳定的工薪阶层，而等额本金还款方式则更适宜私营业主、个体老板、企业中高管等高收入群体。但无论选择哪种还款方式，贷款人的月供额度都不应超过家庭月总收入的50%。”

“原来如此。”主持人不再继续之前的话题，转而读起了短信。“互动平台上一位叫‘欢颜’的听众问，如果购买学区房办理贷款的话，哪家银行比较好？”

当主持人突然念到秦欢颜刚刚发送的这条短信时，她就像被点了名的学生，竟感到一丝不知从何而来的紧张。

“选择贷款银行也要因人而异。需要综合各银行网点数量、还款的便利程度和贷款人工资发放银行等诸多条件。举例来说，如果这位朋友的工资卡是建行的，单位或自住小区附近又恰好有建行营业网点的话，那么就可以在建行申请房屋按揭贷，后续还款比较省时便捷。”秦欢颜很佩服理财师的推测能力，因为她的工资卡上确实写着“中国建设银行”，单位写字楼底商也千真万确是家建行营业厅。从那一刻起，秦欢颜不敢有半点走神，肃然起敬地听着理财师接下来的话。

“在申请贷款的过程中，贷款人务必要配合包括银行在内的各个机构，譬如个人资料的准备及面签阶段的一系列流程，以保证贷款人在最短的时间内办理完全部手续。否则将直接影响贷款审批速度。由于不少重点中小学附近的学区房多为二手房，所以家长们有必要提前了解二手房贷款的申办流程。”

秦欢颜用手机速记开来。

“首先，购房人与售房人签订《房屋买卖协议》或《房屋买卖合同》。约定买方通过二手房贷款的方式支付房款并确定首付额度及贷款比例。买方应在现场看房的同时查验卖方的《房屋产权证》、水电气费记录等凭证。然后，符合条件的购房者向贷款银行提出借款申请，并提供相关证明材料。接着，买卖双方到贷款银行指定的评估机构进行房屋评估。而后再由律师事务所对借款人的资信证明材料和评估报告进行调查分析并出具《法律意见书》。在一切文本材料准备妥当的基础上，贷款银行会进行审批，通知申请人是否同意贷款。一旦被通过，买卖双方就可以办理产权过户手续，并于过户后由借款人到贷款银行办理贷款手续，双方签订《二手房抵押贷款合同》。需要注意的是，买卖双方需要将过户后的房屋所有权证交给贷款银行，银行根据借款合同划付资金。剩下的就是按月还款了。”

“不知不觉中，一个小时的节目即将步入尾声。感谢大文老师的精彩分享与实用建议，不知收音机前的您，在度过这宝贵的60分钟后，对投资学区房这件事还那么纠结吗？”

主持人的结束语还未讲完，盲人便匆匆关掉了收音机。

“应该对您有帮助吧？”盲人竟侧过脸对着秦欢颜站立的方向问道。

原来，她一直知道秦欢颜的存在。而且为了这样一个陌生人，甚至都不知是男是女，是好是坏的陌生人，她始终没有离开，更没有换台。其实，她早该回去了，家人还在担心中等待着。

“谢谢。”秦欢颜些微鼻酸。

“不用。只要对您有帮助，耽误些时间不算什么。虽然我看不见您，但您却会记住我的面孔。说不定哪天我在路上遇到困难时，还会得到您的援助。”盲人的笑容如天山上的雪莲。不带一丝世俗。

自那以后，秦欢颜再没见过那位善良的盲女。

但每当迷惘时，她都会想起她。想起那天一起走出花园时，她说过的话。

“很多身体健全的人时常在纠结。纠结昨天失去的，纠结今天发生的，纠结明天到来的。可对于像我这样看不见的残障人来说，多么企盼能像您一样有双眼睛，哪怕只有一天光明也算死而无憾了。至少我能知道父母、爱人、孩子的模样，知道我最喜欢的蓝色是什么。所以我比你们更懂得生活的意义，就是珍惜当下你正在拥有和享用的一切。”

于秦欢颜来说，与盲女的邂逅和意外听到的电台节目就像命运的特意安排。她突然发现，其实买学区房这件事根本没什么可纠结的，只是自己的小题大做。退一步讲，即使最终没有买到合适的房子也并不代表女儿的未来就此陷入混沌。比起生死残障，一切确实都是可以忽略不计的小事。

【财人新计】

学区房，想说爱你不容易。

作为现行教育体制下的房地产市场衍生品，学区房似乎关乎着一个孩子的前途命运。当然，这也只是存在于部分中国家长的观念里。他们担忧孩子因为输在起跑线，而不能成为佼佼者。于是便想方设法使尽浑身解数也要叩开重点学校的大门。

也许与掷地无声的择校费相比，用买房换取优质的教育资源并非亏本买卖。但前提是要选对房、买对价。通俗地讲，选购学区房就像一场“非诚勿扰”式的电视相亲，购房者就是男嘉宾，他会根据自身综合实力及个人偏好对所选女嘉宾类型有个大致圈定，好比购买学区房以前需要锁定几个重点学区，明确究竟是购新房还是买老房，究竟是作为投资还是方便自住。但事先需做足心理准备的是，购房者所看中的心仪房不一定能顺利买到。这便需要接下来在还算合乎标准的目标学区房中进行再筛选。

与相亲类似，购房者在挑选房子，尤其是二手房的过程中也会秉承几大普遍性原则。比方说，太老的不要（譬如房龄超过30年甚至50年），太壮的不要（譬如房屋总面积超过200平米方的学区房不仅总房款过高，而且将来出手时也比小户型房难卖），太闹的不要（譬如学区房周边紧邻菜市场、歌舞厅等喧闹场所，影响孩子学习，不能营造良好的环境），太无定数的不要（譬如学区内很多存有动迁风险的老房子，买了之后没多久,万一面临拆迁，还得二次折腾），太不接地气的不要（譬如一些新小区虽说属于学区片，但包括超市、医院等系列生活配套设施都不完备，住进去虽说赢得了上学名额，但总觉得生活在“隔离区”）。一般来说，只要购房者谨记上述“**五个不要**”，通常都会找到合适的“对象”。需要提醒的是，因为购房者买的是二手学区房，因此务必在看房时留意房屋内外构造质量，特别是水电管道等容易出现陈旧故障的室内设施，需综合评估后再决定是否出手。

相比而言，如果购房家长只锁定一手新房的话，以下几点也务必注意。

第一，不要听忽悠，错买了“以假乱真”的学区房。

我们常说的学区房，一般是指公办学校学区内的房子，即以学校附近的几条路为界限，路围成的区域就是学校的学区。正因为重点学校周边的这种学区房资源稀缺，也就导致很多开发商利用与名校“捆绑销售”的方式促成购买。而为了孩子教育，购房家长也更青睐那些拥有优质教育资源的楼盘。但实际上,不少家长稀里糊涂地就中了开发商的计，撞上“假冒学区房”或“伪学区房”。简言之，近名校不一定能进名校，学区房终归不是以距离学校远近来衡量的，它是指那些真正“能提供学位”的楼盘。故在遇到此类宣传时，务必要去学校或教育主管部门进行核查。

第二，楼盘自称“签约名校”，实则只是名校分部，师资及配

套与本部相距甚远。

很多时候,开发商会在楼盘广告宣传中赫然标注“签约名校”,并号称业主子女可优先入读。可您是否知道,开发商所谓的“签约名校”其实只是名校的分校,甚至只是分校的分部,不论师资力量、配套设施、社会口碑,还是学习氛围与学校环境,皆与本部相差甚远。所以购房者要谨慎核实,再三确认。

第三,警惕那些只停留于口头还未兴建的“空校”。

一些开发商在宣传项目时,都会突出项目周边的资源配套优势,尤其习惯将学校资源当作主打进行宣传,哪怕学校尚未兴建正在规划之中。但众所周知,政府的城市规划建设并非一朝一夕,在此过程中,因城区改造、新楼盘建设、学校变化等因素,每年都会将规划进行微调,譬如当年承诺兴建学校的计划可能因故延迟或取消。对于这类充满变数的事情,开发商并不会明确地向购房者表示。所以很容易出现入住几年待孩子到入学年龄时,说好的学校却依旧没有踪影的情况。因而购房者在决定购买前一定要向开发商核实学校落成与开学的时间,千万别为了一个并不存在的“空校”而盲目入手。

第四,买期房别只看沙盘,谨防所谓的“绝对地理优势”。

对于多数购置一手学区房的购房者来说,面对的普遍都是期房,能看到的只是经开发商美化后的楼盘沙盘,获取的信息又大都源于置业顾问。在如此信息不对称的情况下隐藏着一个很大的问题,即学校可能会因规划调整、生源人数影响等对招生区域进行重新限定,致使楼盘所谓的绝对地理优势成了空谈。即使有些楼盘上一年在某名校有学位，下一年或许就没有了。

依过往经验来看，市面上未交房的期房均不会划定所属学区，只有交房结束、设立居委会后才能决定所属学区，所以选购新房的家长不能盲目相信销售人员的口头承诺，而作为有职业操守的销售人员也不应给予购房者关于学区划片的任何确定性引导。即便家长通过近几年学区划片的历史推测，部分学校每年划片方式也不尽相同，不确定因素依然很多。总之，由于多数楼盘在签约时是不会把送学位写进购房合同的，故在遇到一些开发商的口头承诺时，不如要求对方把承诺直接写进购房合同。若开发商诸多推迟，那么这份承诺的可信性就有待商榷了。

第五，倘若学区房学位名额有限，也不能保证买了房就能入学。

多数购房者觉得，只要在某所学校规划的学区房片区内购买房产，就一定能进入目标学校。但事实上，学位不仅有年限限制，还有数量限制。很多时候，楼盘所拥有的学位数量并不能满足所有业主的子女，出现“先到先得”的情况很正常。甚至于购房时该房源是有学位的，但几年后子女入学时，房源学位已远远不够，只能被划入其他周边非名校。

为防患于未然，家长在购房前首先要了解清楚所购置的房源是否满足送学位的要求及学校学位是否充足。另外，还得注意户口迁移问题，譬如有的学校会要求与房产证和户口挂钩。

好了。一旦您对一套房子下了“非它不买”的决心时，接下来就是凑银子的问题了。可以说动辄每平方米过万元的学区房，抄起来就得上百万，甚至一些一线城市重点学校的学区房已飙升至每平方米十几万元。面对如此庞大的开销，多数家庭纷纷求助银行。

至于选择何种贷款方式，相信读了上面的故事，购房者已经能“对号入座”，知道自己究竟适合等额本息还是等额本金。但在此基础上，有必要啰嗦一句：如果您有公积金，那么不妨先最大限度地使用公积金额度，后再配合按揭贷款。此外，在家庭还款能力一般，却有固定存款的话，也可以借助房贷理财账户达到用存款抵扣贷款利息的目的。譬如利率较公积金贷款更具优势的中德住房储蓄贷便可实现通过储蓄获得最低 3.3%年利率的固定低息贷款权利。总之，购房者要学会变通，不要一味纠结。虽说对于家庭而言，买房是大事，但若摸清其中的门道，则可轻易将大事化小，将复杂变简单。

保单的“旧物利用”

伊春是个极度念旧的人。但凡与成长有关的记忆都会随着流年的淌逝而变得愈发深刻，那些生命中出现过的人发生过的事就像路标一样镌刻在大脑的沟回里。不论好坏，只要刻骨铭心。

譬如刚上幼儿园的一次集体春游摔掉了半口乳牙，错将术后缝合线当成头发丝，用舌尖舔了一整夜。小学二年级，被老师认为是男生，惹得全班哄堂大笑；四年级的冬天，全家遭遇煤气中毒，第一次体会到平安比快乐更重要。成长至初三，抑制不住青春期叛逆，把父母给的零花钱都偷着买了一元一张的偶像照片，那时觉得王菲远比学习重要，《当代歌坛》远比历史课本更让人着魔。一晃中考变高考，漫天试题挤占了全部花季，每天最大的幸福莫过于一边收听午夜电台节目，一边幻想着高考后的种种疯狂与发泄。后来幻想成现实，灰白的生活也被匆匆那年的大学时光染了色。又是学表演排话剧，又是打零工赚经验，卿卿我我的时间完全被忙忙碌碌所取代。所以当别人仰天长啸不再相信爱情时，伊春却提早把自己毛遂自荐给一家教育机构，并误打误撞开启了职业生涯。

刻骨铭心的除了事，还有人。

工作第一年，外婆的仙逝让伊春对生离死别有了大彻大悟，原来成长是疼痛的，原来拥有终将意味着失去。她深记得外婆去世的前一年塞给她1000元钱，笑着说自己一把年纪恐等不到她披上婚纱那天，算是提前给的贺礼。结果被言中。转年春天，伊春邂逅了令她一见倾心，有着相似习惯和经历，甚至相同爱好与性格的男孩。只可惜爱情不遂愿，最终错过。于是恍然，原来美好的事物总如流星般稍纵即逝。告别遗憾后没多久，一个家世甚好的外地男闯入了伊春的生活，两个人日久生情，虽少了分浓烈，却来得更稳定。但，就在两家父母要为他们筹备婚事的当口，男孩被公司派往上海工作。就这样，第二段感情终未逃脱异地恋的魔咒，于撕心裂肺中黯然收场。于是惊悟，原来爱情并非死于婚姻，而是葬身给了距离，“人生若只如初见”永远都是一段关系里最美妙的定格。自那之后，伊春落入相亲之流，先后辗转了几段感情，却从不曾全情投入。直至工作第七年，才遇到命中注定的那个人。尽管没有初见的心动，但漂泊的灵魂终有了想安定下来的冲动。他叫竺刚，恋爱一年后成为伊春的丈夫。于是发现，原来书上的话很灵验：真正执子之手的那个人并非最爱，只是适合。

伊春的掌纹很细碎，一如她那颗恋旧的心。她是个很难放下的人，习惯将思绪停滞在过去，由此也便铸就了其略带忧郁的性格。

“谁不想时光倒流重新活一次？但可能吗？如果你不定期给大脑排毒放空自己，只会越活越累。”竺刚不止一次说过这句话，尽管他并不清楚伊春究竟留恋过去的什么。在他看来，活好当下最实在，过往再精彩也不可能重演。

其实，与竺刚结婚至今不到五年的时间里，伊春的状态与单身时别无二致。也许是他们没有孩子，少了那种为人父母的担当。抑或因婚后依旧延续着婚前的状态，偶尔各回各家，偶尔出差小别数日。最关键的是，两人的理财模式也丝毫未因成家而改变。

比如伊春的单位每年都有企业集资，员工 1 万元起存，年收益15%，五年为一周期，中途取出一律按活期计息。所以她从工作第一年到现在一直参与集资。渐渐地，这成了伊春唯一的理财方式。相比之下，竺刚钟情的投资模式更具挑战性。大概从读研开始，他就恋上炒股。有限的存款陆陆续续灌入股市，几经沉浮。幸运的是，一路小赔小赚中，股技渐趋成熟，至今略有盈余。

“恋旧”的夫妻俩各理各的财，貌似对婚后生活没有什么影响，但这并不代表真的不存在问题。

一次同业聚会，竺刚无意得知领导正在为儿子出国读书筹钱，想低价脱手一套闲置商铺，急寻能在七天内全额付款的靠谱买家。为借机讨好，竺刚第二天就按图索骥展开了一番实地考察。那是间面积不足 30 平方的临街旺铺，按地段均价，领导每平方米 4 万的开价确实极具诱惑。况且，整条街紧邻区域商业中心和学校，根本不愁租。若非硬性条件制约，压根儿轮不到竺刚在这谄媚。

他以投资的思路估算了下，总价 120 万元的商铺入手后，租金每月 5000 元，一年下来就是 6 万元。何况优质商铺属稀缺资源，每年都将小幅增值，转手再卖的话，利润空间绝对可期，远比炒股更为稳妥。这样想着，竺刚的心蠢蠢欲动开来。他甚至想立即赎回股票，抓住这绝无仅有的机会。但股市中的钱满打满算才刚够买10 平米，其余 80 万又怎么可能在几天内凑齐呢？

伊春在做面膜。透过那层蚕丝，她望见竺刚两难的神情。“怎么，这次晋升又遇阻了？”

老实讲，在竺刚眼里，比起晋升后每月涨的那 400 元级别工资，他更对领导的商铺念念不忘。

“如果咱家往后每月多进账 5000 块，你觉得如何？”竺刚旁敲侧击。

伊春刹那间掀开眼帘。“当然求之不得，这社会谁跟钱有仇。说来听听，找到新东家了？”

“准确说，是找到新项目了。商铺。”

“商铺？买了租？咱哪有那么多钱。”

伊春合了眼帘，从惊喜回到平静。而刚刚燃起诉说欲的竺刚则在一旁喋喋不休起来。末了，说道，“这 120 万，咱凑凑就齐了。我把股票平掉，你把单位集资钱拿出来，剩下的先借，到时即便不租，卖了赚差价都合适。要知道，那地段离锦绣广场不远，地理位置绝对有优势。”

“单位集资如果提前赎回的话根本没有利息，再者说集资款多半都是我父母借以理财的养老钱，我做不了主。更何况便宜就是上当，这商铺若真像你说得这么好，还轮得到咱吗？我看，你还是琢磨点晋升的事更靠谱。”伊春撕下面膜，扔给竺刚，便不再搭理他。

竺刚了解妻子，但凡对某件事情不感兴趣时，很难在一个月内被说动。心，就此凉了一半。他突然恨自己，没能抓住股市主升浪的机会大赚一笔，否则不会这般被动。于是开始反思，有钱人和没钱人的差别究竟在哪儿。直至熄灯前，竺刚得出了这样的结论：有钱与没钱的鸿沟，不在于一只 LV 包，而是机会明明摆在你面前，一个很轻易地抓住，一个却力不从心。

次日上班时，领导喜出望外地告知竺刚，儿子出国的费用问题终于解决，买房的那个朋友中午就带着现金过来。

“一定是个有钱人，掏个120万，连眼都不眨。”竺刚满心艳羡。

不料领导璨然一笑。“她可没你想得那么有钱，只能说会理财罢了。”

“可我炒股也不赖，虽没赚大钱，但至少没做亏钱的‘股市分母’。”隐隐地妒恨紧跟着升腾开来。

怀着嫉妒与好奇，竺刚盼到了中午。

因领导对其信任倍至，所以他成为这场交易的唯一安保。出乎意料，带钱过来的是位年轻女性，甚至比竺刚还小一岁。简直与其假想的暴发户老男人大相径庭。

面对这样一位财富远胜于自己的同龄异性，竺刚深觉无地自容。

此女叫什么不重要。竺刚只记住她说了句这样的话：我不是富二代，更没嫁给有钱人，我只是有幸从事金融业，比别人多掌握了些生财的雕虫小技而已。

事实上，她所自谦的“雕虫小技”，对竺刚来说，简直闻所未闻。所以在送走这位同龄人后，他立即在电脑上敲下“保单贷款”四个字。

保单贷款，其可解释为，投保人将所持有的保单抵押给保险公司，按照保单现金价值的一定比例获得资金的一种借贷方式。由于质押贷款过程中保险保障不受影响，故保单依然有效。 简单讲就是以寿险保单的现金价值作担保，从保险公司获得的贷款。单次可贷金额取决于保单的有效年份，及保单签发时被保人的年龄、死亡赔偿金额。

拥有寿险保单的人不少，可真正会“旧物利用”的人却不多。一张保单除了具备保障与投资功能外，完全可以为投保人获得短期融资资金。遗憾的是，很多时候人们往往更习惯于向银行申请贷款或视融资量大小而选择透支信用卡。那位同龄女的声音再次回荡起来。她之所以能在短时间内拿下商铺，赢就赢在充裕的资金流动性上，而这流动性恰恰源于旧保单的二度利用。

此刻，竺刚的眼前浮现出领导办公室方才的场景。

那位同龄人以无比淡定的口吻说道，“如果您周围朋友还有类似商铺想出售，烦请第一时间给我打电话。”话音刚落，领导的眼角便流露出一丝复杂的神情，是惊讶的羡慕，更是挫败的羞愧。于是不自觉地挤出句：“不愧长江后浪推前浪，实力强弱不在于年龄大小。”

“在于是否会支配有限的资金。”同龄人莞尔一笑。“我真没您想得那么有实力，流动资金更没多到随手就变出个几百万现金。”

“120 万还不多吗？要知道，身边能符合“七天内全额付款”条件的只有你一个。”

“所以我庆幸自己的小聪明。”同龄人依旧露着招牌式的笑容。“严格意义上讲，我挪用了保单里的钱。”

听到“挪用”二字，领导敏感的神经瞬间被拨弄，表情也转为诧异。

“保单里的钱怎么挪用？我也有保单，难道也能挪出钱来吗？”竺刚亦是十二分诧异。

“保单贷款没听说过？”

竺刚和领导齐摇头。

“如果谁手头有人寿保单的话，那就堪称是个‘活银行’啊。但严格意义上讲，并非所有保单都能申请贷款。通常那些具备储蓄性质的人寿保险、分红型保险、养老保险及年金保险等人寿保险合同，才可申请保单贷款。而像意外险、健康险、投资连结险及万能寿险等险种则不具备抵押贷款功能。总之，可以进行保单贷款的产品必须具备现金价值。”

“什么是现金价值？”领导全然被这陌生话题吸了进去。

同龄人不紧不慢地说道，“现金价值是指带有储蓄性质的保单本身所具有的价值，是你所缴保费高出保障成本、经营费用的部分及其利息的积累，在扣减相应的退保费用后的剩余部分。通俗地讲，现金价值就是客户退保或解约时退回的钱，因而也被称为‘退保价值’。之所以诸如意外险、车险等短期费用型保险保单不具有现金价值，是因为保险公司已经承诺在一定期限内发生责任范围内的事故便给予理赔，如果未出险也不返还保费。”

为便于理解，同龄人以返本型保单和理财型保单举例。“这类保单多为长期保险计划，比如投保终身寿险，在投保多年后，当有生之年需要钱时，仍可选择解约。由于多年本金加复利的积累，现金价值将接近或超过这些年所交的保费，相当于多年的保障都是用本金产生的利息购买的。可以理解为，只要保单有储蓄性质便都具有现金价值。”

“那又如何才能知道目前所持保单现金价值几何呢？”竺刚显

然更关心被量化后的实际问题。

“可以查询产品细目。一般每份寿险保单上都有现金价值表，其对每个年度末投保人退保时所能返还的现金价值进行了明确列示。”

对于这样的回答，竺刚并不买账。“我其实想知道的是具体计算方法。”

寿险保单的现金价值都是由保险公司精算师根据各项情况和假定条件精算而得的。倘若非要列出它的计算过程，也可以简化成这样一个公式，即保单的现金价值=投保人已缴纳的保费－保险公司的管理费用开支在该保单上分摊的金额－保险公司因为该保单向推销人员支付的佣金－保险公司已经承担该保单保险责任所需要的纯保费＋剩余保费所生利息。事实上，保单的现金价值除了满足资金的应急贷款需求外，还具备自动垫付保费和减额交清功能。”

同为寿险投保人，竺刚却只知道按时交纳保费。用伊春的话说，每年都死心塌地的从收入中拿出几万元为保险公司的发展“凑份子”。对比之下，这位同龄人则把一直躺在抽屉里的保单进行了价值最大化处理。如果早知道保单能贷款，没准商铺就轮不到别人靠前了。这样想着，竺刚的肠子都悔青了。

“自动垫付保费和减额交清功能指的是什么？”领导貌似对保险一窍不通，因而感冒于那些概念性的知识普及，全然没有了本行业的专家威严。

“详细来说，自动垫付是指当宽限期结束时仍未支付保费，为避免保单失效，投保人可以选择将现金价值垫付未来应付的保费，直到现金价值用完。这样的结果是原保单的保额不变，但保障期间受现金价值制约。譬如现金价值越多保障期间越长，反之亦然。对于只是暂时遇到经济问题，过一段时间后仍具有交费能力的投保人而言，自动垫付是一个相对较好的资金缓冲方法。而减额交清是指投保人利用现金价值作为趸缴保费，一次性支付未来若干年所需的保费，其保障期间不变，但大幅降低保额，合同继续有效，简称“减保”。一般适用于那些预计经济困难情况将持续较长时间，但仍想保留原来保障形式的家庭。从某种角度看，无论自动垫付保费还是减额交清，都属于变相‘盘活’资金，即把那些本该用于缴纳保费的钱放到更急迫的事情上，代价只是损失了保障期限或保额。”

同龄人说话期间，领导在记录，竺刚在录音，煞有介事。屋外的走廊更是用寂静默契地配合着这一切。

“假如我想贷款，能贷多大额度？”

“这并没有一个统一的标准，因为各家保险公司的贷款额度与期限都不同。一般来说，额度为现金价值的七至九成，期限在六个月以内。”

“如果超过六个月呢？”

“超过六个月可以循环贷款。有的公司规定一次性还本付息，有的则可以只还利息，不用还本金。而在贷款利率上，各家公司的规定也不尽相同，但通常情况下与银行贷款利率差别不大。但也有特例，譬如一些公司对VIP客户是有贷款利息优惠的，即当办理保单贷款的金额大于某个标准时，贷款人可连续数月享有不同比例的利息优惠。”

“即使优惠，也并非所有人都能享受。归根结底，从利率角度看，保单贷款的优势并不是特别明显。依我看，不如直接从银行申请。”领导还是更青睐传统融资方式，尤其当听到保单贷款利率与银行贷款利率并无太大差别时，更觉噱头重于功效。

“但是，从理财的角度讲，当资金出现周转困难或突发性缺口时，还应首选保单贷款方式。抛开利率因素，其与银行贷款相比，手续简单放款快，一般三个工作日即可。贷款者无须寻找额外担保，比银行以外的其他融资渠道更优惠。通常，只需投保人持有效的保单、身份证原件就可以办理，不需要担保人，不需要审核抵押物，不需要收入证明。而且，保险公司对于贷款资金的用途也没有什么限制。此外，有的保险公司还提供了‘自助化’贷款平台，保单持有人直接进入自己的账户自助申请保单贷款即可，实现当日申请次个工作日到账，且后续还可进行自助还款。”

领导不再发问，回归记录状。

“对于没用过保单贷款的人而言，无法体会到它的好处。就拿我的一个朋友来说，保单贷款确实让他实现了额外增收。”同龄人搬出实例佐证着。“前年，距离年交保费 10 万元的日子还有不到一周时，这位朋友突然发现手头根本拿不出这笔资金。因为几个月前，他投资了一款 25 万元的产品，合同承诺每月初支付利息 3000 元。如果抽出其中的 10 万元交保费的话，他很不忍心，毕竟这个固定收益在一些城市也基本相当于一份还算过得去的月收入了。所以，只能借由其他办法解决。惯性思维下，他想到透支信用卡，一来续期保费有 60 天的宽限期，再加上信用卡本身 50 天的免息还款期，充分利用的话总共能挤出 110 天的‘缓和期’。可转念一想，用信用卡交保费有个最大弊端，即到期时须一次性还清。假使还不上，每天万分之五的高息非常不划算。焦急之中，有同事建议他申请保费分期还款，但要支付 5%至 7%的利息。思来想去，还是觉得不划算。有没有一种方法，可以不交或少交利息？当他问到我时，我建议他使用保单贷款。因为其所购买的这款保险产品，年交保费 10 万元以上，交费期限三年，且已交过一年，当年现金价值为 92%，保单贷款为现金价值的 90%。如此算下来，他可以贷出 8 万元。惊闻自己可以从保单中申请到贷款，他立即查询了保单账户，发现若再加上分红账户的话，总计可贷 84000 元。又惊又喜中，他按部就班操作开来：先是充分利用保单的 60 天宽限期。即原保单交费日期是 1 月 1 日，待 3 月初时，他用一张 10 万元额度的信用卡来交第二年保费。然后在信用卡免息还款期之前，申请保单贷款 8.4 万元，意味着他只需在此之前攒足 1.6 万元，即可于 1 月 1 日后的 110 天左右偿还信用卡的 10 万元。而三个月内积攒 1.6 万元，对他来说没有一点压力。这样一来，完全可以不动用那笔投资款，继续多挣一个月 3000 元的利息。而接下来的第三年也是如此操作，况且第三年可以利用保单贷的金额会更多，达到 16 万元，也就是说届时不用增加一分钱便可轻易解决 10 万元的保费问题。”

“这还算不上什么。”同龄人神秘着。“事实上，还有更好的办法，不用投入一分钱，每年多赚 8 万至 12 万元。譬如，在交过第二年保费后，可以贷到 16 万元的贷款，以保单贷款利率 5%计算，意味着如果有超过 5%利率的理财产品或投资渠道就可以进行投资，实现拿保险公司的钱赚钱。从目前看，10 万元以上的本金年收益有的可以达到 10%，扣除保单贷款 5%的利息，一年可以多挣 5%，即 16 万元的保单贷款就多赚了 8000 元。以此类推，第三年可以贷到 25 万元，也按投资年收益率为 10%计算，一年又可多赚 1.25 万元，相当于一个月净赚 1000 元。这样一来，一个人相当于挣了三份钱，一份是自己的工作收入，另一份是固定投资收入，还有就是保单贷款带来的第三份理财收入。何况我这朋友购买的保险产品 20 年后按中档分红会有双倍收益，即总保费是 30 万元，20 年后中档总利益会有 60 万元，加上之前保单贷款收益按一年 1.25 万元算，总共会有大约 55 万元的收益。”

竺刚没有继续问下去，因为内心深处的惭愧。

“保单贷款不是谁都能玩转的。”同龄人继续道。“我也曾接触过一位客户，因轻信销售人员的一面之词而陷入困境。当年，单位效益好，该客户得到一笔不菲的年终奖，并用它给自己买了份保险。当时，代理这项业务的销售人员考虑到自己的业绩提成，再三建议其增加保障金额，并及时打消了后顾之忧——即便次年奖金没有这么多也不要紧，因为可以通过保单贷款的方式续交保费。该客户未加思索，最终从代理人那里购买了两份分红型保险，缴费期均为 5 年，合计年缴保费 5 万元。孰料两年后，其果真因改行导致保费支付出现困难，于是便申请保单贷款救急，不过令人失望的是，利息虽有优势，但贷款额度并非想象中那样足以支付保费，甚至还差了不少。两难之下若选择退保，损失较大，所以只能自行借钱解决。”

“那保单贷款到底好还是不好？”领导有些迷茫。

“保单贷款的基本功能是解决投保人一时性的资金紧张，附属功能是帮助那些投资经验丰富的人实现‘**铁球效应**’，即用另一端的钱投入到这一端，并用这一端的收益填补另一端，以使固有资金像链子下的铁球般不断摇摆，且越摆越多。但不论使用保单贷款的哪种功能，都应知道，保单贷款需支付利息，一旦借款人未按时还贷，保险公司在退保或支付保险金时会向借款人扣除贷款本息，那么原本属于被保险人的生存保险金或受益人的身故保险金会相应减少，甚至还有可能因为超贷导致保单失效，进而失去保险保障。这一点需要特别注意，也就是说，当保单的现金价值不足以偿还借款及其利息时，保险合同终止。”

“这么说，在无须退保并愿意承担相对较低利息的情况下，保单贷款确实是项相对稳妥的业务，投保人或被保险人仍可持续享受保险保障，前提是务必按时还贷。其实不论从哪儿贷款，若不按时还，都会产生罚息甚至更严重的后果。”领导果然擅长总结，同龄人频频颔首。

在接伊春下班回家的路上，她竟主动说起商铺的事。

“我今天一天都在思考你昨天说的，还是有些道理。一来，商铺投资讲求的是地理位置，像锦绣广场附近也算次黄金地段了，未来发展空间和升值潜力都比较大，120 万的价位很合适。二来，又是成熟现铺，风险低收益有保障。买后能在短时间内出租赚取租金，投资回报周期大大加快。即使退一步，加价转手卖了，赚个十几万也不成问题。”

不等伊春把话说完，竺刚便拦了过去。

“已经卖了，今天中午买家提着现金过来的，和咱差不多大。”

“这么快。”伊春刹那间变得失落。她本想尽快筹集资金捡下这“便宜”，却没想到已让他人捷足先登。

“当今社会，机会更多时候并不是留给有准备的人，而是留给有钱人。”竺刚叹着气。

于是车里有了数分钟的静默。

那是两个人关于钱的深思。伊春在想，是否该将各自存款合在一起统一规划，加速资产累积的进程。而同一时刻，竺刚也在思忖，究竟怎样才能用活现有保单，不再让它们像废纸一样干躺在一如冷宫般的抽屉里。毕竟投保一年后，保单就已具备现金价值，且缴费时间越长，累积的现金价值就越高。

尽管商铺没能如愿拿下，但这件事却让伊春和竺刚对理财有了全新的理解。尤其是伊春，当她后来从丈夫口中得知同龄人的理财经后，更抑制不住对资金活用技巧的渴求。于是，摒弃了坚守多年的理财方式，只留父母的钱继续参与企业集资。

当旧有理财习惯被打破后，伊春发现，原来凡事都要与时俱进，过去的一切不论多么美好都已化为生命中的坐标。随着成长，内心是需要不断打破、重建的。只有这样，才能遇见更好的自己，过上更理想的生活。

【财人新计】

一条穿旧的牛仔裤稍加裁剪，就会变成一只书包。而一张闲置在家的老保单稍加变通，就能排解一个家庭的资金困难。

最常见的一种情况是，在该交续期保费时，投保人因上一年度未用到保险而纠结，心想：这之前的钱白交了，下一年究竟是交还是不交呢？还有种情况是，恰逢交续期保费时赶上手头紧张，于是就萌生出不交的想法，但又知道如果在交费期内不交费的话保单会停效，不仅没有保险利益，之前交的钱也都付诸东流了。同样，若办理退保，虽说可以回来些钱，但资金损失仍无法避免。就这样，陷入交与不交的矛盾之中。

倘使真因为家庭成员罹患大病或出现其他经济危机而被迫选择退保，拿回少得可怜的退保金，不如巧借保单贷款——这种没钱照交续期保费的方法。当然，有的保单持有人在投保时若选择了投保人豁免的话，那么在交费期内投保人一旦得了重大疾病或1-3 级伤残抑或身故，以后若干年的长期保费就可以免交了，这一点对于长期交费，如 20 年或 30 年的投保人来说非常关键，可以规避交费风险。然而，对于那些没有豁免必须按期支付保费的投保人来说，只需利用保单贷款实现保费续交，同样能解决资金周转的难题，且不至于因保单失效而造成损失。

一般情况下，保单贷款仅适用于短期资金周转，并不适合进行高风险投资，因为各家保险公司的保单抵押贷款时间都有一定期限，借款人一旦逾期未还，直至贷款本息积累到退保现金价值时，保险公司有权终止保险合同效力。同时，在贷款期间如果保单有退保、生存金给付、理赔等各种退费时，退费金额需要优先偿还贷款，有余额才能给付。此外，需要注意的是，在可以申请贷款的保单中，那些保险费缴费未满一年的保单、尚未产生保单价值准备金的保单、视商品条款约定已办理减额缴清的保单和已停效的保单，均不给予抵押贷款。同时，也有保险公司规定，已开始给付年金的保单，也不接受贷款申请。

第三篇　中年夹心人的愁苦

时间都去哪儿了？一转眼，孩子大了，父母老了，自己的眼睛也开始花了。步入上有老下有小的不惑之年，可谓迎来人生中责任最重、压力最大的阶段。作为“夹心人”，保证财富不缩水，并有足够的能力应对家庭突发事件，远比购买一份高收益产品来得更实在。

父母老了该拿什么去孝顺

大年三十，整个城市沉浸在节日的喜庆中。而田蒂，却说什么也提不起兴致。

田蒂的老家在黑龙江，依从除夕回婆家过年的传统，故自远嫁至今的二十年里，每逢正月她都跟着丈夫带着孩子在河南信阳的公婆家守岁。今年只不过是重复着旧惯例。

趁鞭炮声尚不密集，田蒂拨通了老家的电话，是父亲接的。

“闺女，我和你娘都挺好的，不用惦记。等啥时休年假回来，爹给你做好吃的。”

每次给家里打电话，田蒂都忍不住想哭，她觉得自己亏欠父母太多。老两口操劳一辈子，年逾古稀还没到大城市来享清福。作为女儿，真就像盆泼出去的水，全身心奉献给了丈夫和孩子，扮演着贤妻良母的人生角色。

放下电话那一刻，田蒂能想象出，在这个阖家欢乐的除夕夜，远在东北老家的空巢父母是怎样的孤独。他们一定沉浸在回忆中，汲取心灵上的慰藉。

“时间都去哪了，还没好好感受年轻就老了，生儿养女一辈子，满脑子都是孩子哭了笑了。”彼时，屋外的电视正在直播春晚。当这首应时应景的歌传至田蒂耳畔时，已然化为一枚催泪弹。于是借着思念，她躲在厨房的阴暗里潸然泪下。

父母确实老了。

以每年探望一次的频率，这种衰老的变化异常明显。极像只裸露在空气中的苹果，渐渐发黄氧化，枯萎凋蔽。

当初，田蒂很想把父母接到上海留在身边，至少在有限的生命里能尽可能多地在一起。可丈夫同样迫切地想让远在他乡的公婆感受城市的灵动与惬意。所以，双方老人最终都没能过来与他们一起生活。一晃二十年匆匆而过，自己从青年变成中年，父母也成了满头银发的老人。尤其是父亲，年过七旬便已苍老得如同古树。

此刻，田蒂的眼前浮现出父亲每一次送她和丈夫去火车站的情景，无比清晰。几乎每个临别的末尾，父亲都会给她们一大包新鲜杂粮，全是自家田里种的。递过杂粮的瞬间，他总是憨笑着说，大城市吃不着咱家乡味儿，拿回去啥时想家的时候吃点儿，既健康又能闻到老家的气息。于是田蒂总是在回沪后的三个月里吃光全部杂粮，因为那份聚少离多的思念。

转而，她又想到父亲的手，那双每年都会提着杂粮的手。在一点点随着时间变糙风干，却依旧在握住她时饱含温暖。只可惜，她不能永远留住这独有的温暖，一如她无法克制此刻的情绪和喷涌的泪。

“田蒂，春节快乐。”

微信是大学同窗晴发来的，带着一缕忧伤。“今年初八我就不和你们聚了，因为老爹过世了，心情很糟，只想陪老娘安静地待会儿。”

在回复晴的信息后，田蒂的心情更加凝重。她依稀记得新生报到那天，晴的父亲是唯一一位进入宿舍帮孩子整理被褥的家长。

因为从小到大晴都没离开过家半步，想到大学四年女儿要在千里之外的另一个城市生活，父亲的离情别绪便难以抑制，所以他义务地给寝室打扫卫生，只为在回去前的几个小时里多陪陪女儿。后来大学毕业，晴留在上海打拼并很快与历史系的男神订了婚。

婚礼是在教堂举办的，很西化。至今田蒂闭上眼还能清楚忆起那天的情形。披着头纱的晴与父亲互挽着走进圣殿。在纯白与素黑间，一双红润的眼异常突兀，明显是被泪水浸染过。按仪式的流程，老人颤抖着将晴的手交给了眼前的高大男人，一如交出自己的心。田蒂后来才知道，晴的父亲一直都有心脏病，就在婚礼开始前的半个小时还服用过速效救心丸。女儿出嫁本是高兴事，但，站在一位父亲的角度，内心的百感交集早已冲淡婚嫁的喜悦。

晴婚后的生活状态与田蒂十分相似，几乎都是休年假或国庆节才回老家一次，其余的日子全部给了工作和家庭。田蒂记得去年正月的同学聚会，晴的心情就不是很好。她说那年回老家，父亲的状态很差。当时决定接父母到上海，换个环境生活，享受更好的医疗条件。可当田蒂再一次联系晴时，才惊闻其已料理完父亲的后事。那是晴回沪后没多久发生的事。一切尚未来得及安顿好，就忽然在某天夜里接到母亲急促的电话，朦胧中被告知生命中最难以承受的噩耗，甚至连父亲的最后一面都没见到。

所以，习惯换位思考的田蒂此时更加思念父母。就像晴刚刚在聊天中说的那样，在还能孝顺的日子里尽情孝顺，以免等到若干年后对着照片空相思。可对于身在异地的“夹心层”独生女，又该如何在聚少离多的现实中尽心尽孝？这不只是田蒂接下来要面对的，更是中国各大城市的异乡漂泊者所共同遭遇的问题。单说田蒂所在的上海浦东，十个人里有八个都非土著。除个别经济条件优越者有能力把父母接到身边外，其余多数尚在生活中挣扎的小白领们皆心有余而力不足。

楼外的烟花绚烂着除夕的夜空，转瞬即逝间驱散了弥漫的黑暗。但刹那惊艳过后，留下的依旧是孤独的冷月和田蒂眼角的那颗泪珠。

她忘记是谁说过这样的话，每个人内心最挣扎的时候都是一个人挺过来的，聚在一起只不过为了笑一笑。譬如现在的自己，远方的父母，还有晴，何尝不是在挣扎。而无数颗挣扎过的心，借着大年夜触碰在一起相互取暖，为的也只是会心一笑。人生如烟花，对于父母这把年纪的老人来说，已经到了绽放的尾声。一如晴的父亲，不知哪天就谢幕天际。田蒂不愿继续想下去。

看着父母一天天衰老，作为儿女该拿什么去孝顺？

春晚的一首歌，未料想在极短的时间里引发微博热议，似乎很多人早已忽略了晚会接下来的精彩。有人说，像曾经陪伴我们长大一样地陪伴父母老去，是最长情的孝。

有人说，努力赚钱为父母营造一个奢侈的晚年生活，是最实际的孝。也有人说，把自己的事情料理好让父母尽可能少操心，是最温暖的孝。还有人说，定期给父母汇钱，带他们旅行，满足老人的所有需求，是最靠谱的孝。但最终有人一针见血地刷屏称，说来说去，没钱又何谈孝？难道看着别人给父母买保健品，自己只能买棒子面？难道眼瞅着别人给孩子雇保姆，自己却只能让父母当老妈子，顾不上血压血糖腰酸背痛，牺牲晚年健康也得服务下一代？难道干瞅着父母忍受病痛折磨，却不得不在有限的经济能力下放弃治疗？都说百善孝为先，可百孝还得钱当首。

田蒂拭干泪痕，走进客厅。让情绪低迷的自己尽快融入欢乐。

“妈，回头我拿压岁钱给您买个颈椎按摩仪，网上新春促销，这样您就能随时带着个‘按摩师了’。”

十九岁的女儿无意间说的话霎时戳中了田蒂棉柔的心。泪，再一次肆无忌惮。

“妈，怎么哭了？”

“是啊，孩子，这大过年的，咱可不能哭。是不是哪不舒服？”刚还笑着包饺子的婆婆瞬间愣怔在原地，朴实的乡下老人一脸关切般地惊讶。

“没事，只是突然被感动。”

其实，感动之余，田蒂更多的是自责。连十几岁的女儿都开始想着为父母做些什么，自己竟还站在原地借口着心有余而力不足。更何况，生在旧社会的父母和公婆又有多长时间等待儿女们有钱有闲地去尽孝心呢？

眼前的朦胧过后，田蒂决定尽快安排一次全家老小的旅行，目的地就是上海及周边水乡。虽说都是她再熟悉不过的景致，可对于一辈子生活在穷乡僻壤的父母公婆而言，一切都像好莱坞一样遥不可及。她打算从旅行这件事开始，将“孝”字落到实处，进行到底。

“带上父母去旅行。好主意！”

田蒂的想法最先得到了丈夫的双手赞同。但没过几秒，眼前的男人便面露愁容。“可是，他们都一把年纪，我担心出现安全问题。况且我爸血压平时就不稳，这万一旅途中情绪激动头晕心悸怎么办？又或者，健康状况良好却遭遇意外怎么办？”

“那就给老人们每人上份意外险。再说，如果现在就顾虑这些的话，估计以后机会就更少了，毕竟父母年岁越大，发生风险的概率就越高，就越不可能走出去饱览大千世界的精彩。难道你忍心看着爸妈一辈子守在一亩三分地都没尝过旅行的滋味儿吗？”

丈夫没再说什么。但那一刻的眼神让田蒂明白，他也陷入了自责。

于是假期结束回沪后，两个人便紧锣密鼓地规划起此次行程的全部细节，包括购置意外险。

闻听北京分公司的同事乔薇认识一位很会理财的朋友，故田蒂也巴望着能得到些有关意外险投保方面的建议。很快，她被加进乔薇设立的微信群，其中便有个叫大文的“财富医生”。

“计划下个月请年假带父母去旅行，想给他们上份意外险，不知哪种适合，求解。”

“能有这样的意识，证明你是个非常孝顺的女儿。”大文一语双关，既是指带父母去旅行的前卫意识，又指出行前借保险转嫁风险的投保意识。

“我之前经常出差，也没上过任何意外险。不过近两年空难事故频发，再加上田蒂刚才说到这个话题，我觉得也有必要上一份。”乔薇在群里插话道。

“不论因公出差还是私人旅行，都避免不了搭乘飞机、火车，抑或汽车、轮船，路途中可谓‘危机四伏’。等到了差旅目的地，安全隐患就更不容忽视。面对无处不在的风险，你敢保证自己每一次都平安无事？当然，谁都不希望风险降临在自己身上，就像上海新年夜曾上演的那场踩踏事件，没人会料想到死神竟离自己如此近。”

顷刻间，田蒂眼前闪跳出《死神来了》的惊悚镜头。尽管那是编撰出的一连串缜密巧合，却无不昭示着风险如同细菌，暗藏于生活的各个角落。

“所以，出行前为自己和家人购买一份全面的意外保障应成为日常生活的一种习惯。”

“如果要是跟团旅行呢？现在很多旅行社不是都给上保险吗？”自从迷上理财后，乔薇深感自己变成了“十万个为什么”，总会因为某个话题牵出无数问号。

“看来乔总又陷入误区了。这就好比矿泉水和鲜橙多都是液体饮品，但它们的营养成分完全不同。很多人觉得报名旅行社的团费中含有保险费用，甚至不少旅行社在签单时都会告知已为出游者承保了旅行社责任险。于是，大批人便误以为自己的行程有了十足的保障，即使发生意外也有保险公司兜着。可实际上，旅行社责任险是承保旅行社在组织旅游活动过程中因为某些疏忽或过失造成事故所应承担的法律赔偿责任的险种，投保人为旅行社。也就是说，只保障因旅行社过失造成的游客人身和财产损失，若游客出于个人原因、自行活动、人身意外等出险，且意外的发生与旅行社无关时，旅行社责任险并不能为游客提供任何保障。所以，如果跟团出游的话，给自己和家人购买意外险也是必需的。”

“那么，意外险包含哪些细分品种？又该选择多长期限的呢？”田蒂犹如在剥一粒榛子，急切想吃到里面的仁儿。于是度秒如年般等待着微信另一端大文的输入。

“怎么说呢，**一份完善的出行意外险计划不得不提到‘四大金刚’**。”

“这第一大‘金刚’是**旅游人身意外伤害险**，主要针对旅行期间投保人因意外事故导致身故、烧伤或不同程度残疾所给予的一定赔偿。我有个朋友上个月赴云南旅行前就投保了一份这样的保险，虽说保险费仅 30 元，但他在一周多的行程中享有包括意外身故、意外残疾、意外烧伤、意外医疗、医疗补充保险金以及身故处理保险金等多重保障。即只花一顿肯德基套餐钱，不单能为自己的整个旅途保驾护航，且一旦发生意外，还对意外医疗过程中可能产生的包括交通费、误工费，近亲属探望交通费、食宿费，随行未成年人或长者的送饭费用等各种非医疗费用进行补偿。当然，每家保险公司同类产品的保障范围没有百分百相同一说，需要在对比中选择性价比相对较高的。”

“其次是**公共交通意外伤害保险**，主要为游客在乘坐交通工具出行时提供风险防范，譬如乘坐公交车、地铁、飞机等。此险种因交通工具的不同而有着不同的保险金额和不等的索赔比例。从多家保险公司历年来的出险情况看，公交车首当其冲。可是往往很多人在出行时恰恰低估了公交车的安全隐患，更鲜有人掏 5 块钱去购买一份保期半年的公交意外险，似乎认为这几元钱的小保险意义不大。然而，从公交公司每年因客伤事故产生的赔偿费用数额看，还是相当可观的，且伤者多是享受免费乘车政策的老年人。显然，这部分群体最应投保意外险，以保证自上公交车开始至下车的整个过程。无论是遇到因紧急刹车而不慎摔伤、因车辆行驶中起火而烧伤等意外伤害，还是自己不慎摔倒、磕碰，不管任何原因，都属于公交车乘客人身意外伤害保险的赔付范围。至于地铁的出险情况，近几年也呈上升趋势，尤其是上海、北京这些一线‘堵城’，早晚上下班高峰客流爆棚，出现意外事故的可能性就更大。比如上下车被车门夹到，又比如因抢座位造成肢体冲突等这些小意外都在所难免。”

田蒂和乔薇在各自的手机端，暗赞着这言之凿凿的分析。

“接下来说说这第三大“金刚”——**附加意外医疗保险**，即保证因意外事故导致的门诊和住院也能获得赔偿。也就是说，在投保意外险的同时，最好附加意外医疗险，它们理应是成套的。但绝大多数人的固有意识却认为，只要投保意外险，所有因出险产生的费用都应由保险公司担负。殊不知，一部分人身意外伤害保险所列明的保险责任只包括被保险人因遭受意外伤害导致死亡或残疾，对于由此引发的医疗费用，保险公司是不予赔偿的。所以，附加意外医疗险无形中扩大了保险公司的理赔范围，降低了被保险人可能发生的损失。就像阴天出行，除了带伞，还要多备双雨靴。”

“最后，是意外险计划中必不可少的第四大要素，即**投保期**

限的选择。一般来说，对于不经常外出的人，可考虑购买只提供几天保障的短期保险产品，价格相对比较便宜，购买起来也方便。唯一的弊端是，如果出现临时延长出游期的话，容易出现‘漏保’几天的尴尬，故在投保时，最好把外出时间充分计算好。相较之下，对于那些外出频率比较高的人，比如乔薇，则应购买一年期意外险产品，这样就避免了分次购买的麻烦。此外，如果是短途旅行，建议首选短途旅行意外伤害保险，该保险包括旅游意外伤害和旅游救援两种。譬如有产品规定旅游意外伤害和旅游救援的保险金额分别为 15 万元和 5 万元，所需支付的相应保费仅为 5 天期 20 元，10 天期 30 元。需要清楚的是，在多数人身意外伤害险产品的承保范围中，攀岩、漂流、潜水、滑雪、蹦极、冲浪等高风险活动所造成的人身伤亡或财产损失是被剔除在外的，因此在购买时最好选取包括这些项目的产品，以获得最大限度的保障。”

田蒂尽量在最短的时间内消化掉眼前整齐码放的层层文字。她恍惚间觉得，即使没有组织这次全家出游，也该给父母买份意外险，终归自己不能时时陪伴在他们身边，也就没办法保证他们的日常安全。

“是不是儿女最该给空巢父母买份意外险？”

田蒂在发送后的第一时间就看到大文回馈的笑脸，及稍后出现的一行宋体字：“其实**说到意外险，最应该投保的就是老年人了**。”

“到了一定年纪，保险公司不就不给承保了吗？”乔薇满心不解。

“以前确实是这样，但如今随着人口老龄化时代的迫近，以及市场产品种类的不断增加与完善，不少公司都推出了针对 65 岁以上老年人的专属意外保险，保障范围囊括摔倒骨折、交通意外、意外伤残等，年缴保费最低不足 100 元，保障额度大概在 1 万元左右。很显然，针对的就是空巢老人可能因行动不便而摔倒，致骨折等意外风险的发生，同时他们在无人陪伴的情况下乘坐短途交通工具也比年轻人更易遭受磕碰等伤害。所以，除了给年迈的父母雇用保姆外，通过购买专属意外险来分担风险也是必需的。据我了解，不只意外险，更有保险公司推出了‘老年恶性肿瘤疾病保险’，狠狠打破了普通重疾险 60 岁的投保年龄上限，现已延至 75 岁，且在正常情况下免体检。保障范围方面，更涵盖原位癌、恶性肿瘤及身故责任，第一次购买时从 50 岁到 75 岁都能正常投保，且保证续保至最高 90 岁。在可以预计的未来里，相信此类针对老年人的重疾险产品会越来越多。所以，怎么才算切实地爱父母孝顺他们，我觉得除了生活与物质上的关爱外，若站在理财的角度，给予他们时刻的贴心保障才是子女最该做到的。”

在大文输入的同一时间，乔薇不知从哪儿转来这样一项分析，不过也算“应时应景”。

“说到老人购买重疾险，前两天看到一份统计，称癌症的发病率随着年龄的增长而增加，在 50 岁至 85 岁这段时间的发病率更呈剧烈上升趋势，是年轻时的几倍甚至数十倍。而且，在人们原有的认知中，癌症不具备任何传染性，即使最亲近的人患癌，也与自己的健康无关，但国外有医学期刊发表的论文称，癌症细胞会释放出自身产生的垃圾，这些垃圾可将附近的健康细胞转化成肿瘤细胞。原因在于，癌细胞含有大量外泌体，即带有蛋白质、DNA 和 RNA 的小型有膜结构，被认为是细胞的垃圾清除系统。一些外泌体可以与周围细胞融合，并将其携带的信息转移给该细胞。据悉，外泌体由机体众多类型细胞释放，广泛分布于唾液、血浆、乳汁、尿液等体液当中。外泌体参与细胞通信、细胞迁移、血管新生和肿瘤细胞生长等过程。研究发现，癌细胞比正常细胞释放更多的外泌体。譬如，全世界范围内，一家人因罹患一种癌症而相继去世的消息屡见不鲜。所以除了要养成良好的生活习惯进行预防外，还应做好财务支持，让重疾不重。”

那一刻，田蒂已然决定要为父母和公婆每人上一份意外险和老年重疾险。既是对老人的健康负责，同时也是孝心的体现。总不能真当风险来临时，因为经济问题含泪放弃生存的权利吧。

“父母老了，儿女应该像呵护婴儿般地呵护老去的他们。并且，不论身体还是情感世界，老人都更脆弱。与孩子相比，能陪伴我们的时间也更有限。”

大文的这席话，让田蒂和乔薇有了长达数分钟的静默。而她，却继续径自输入着。

“有必要在你们给父母投保前多啰唆几句。由于‘意外伤害’是意外来的、突发的、非本意的客观事件，是直接且单独的原因致身体受到表面可视的伤害。故在正规、传统的商业保险中，如果是老年人因心脏病、低血糖、高血压等疾病引起的摔倒受伤并不算‘意外伤害’，也就不会获得赔偿。说白了，发生意外后，保险公司决定理赔与否依从的是**‘赔偿近因原则’**，这也就是为什么两个人投保的是同一份保险，但出险后一个获得了赔付，另一个却被拒赔的根本原因。举个身边发生的真实例子，我姑姑去年初曾购买过一份意外伤害保险，而就在保单生效后不久的一天早上，她买菜途中摔倒不幸被路边的竹签划破脚趾。当时只觉是皮外伤无大碍，也就没去医院，仅敷了些云南白药。可没过几天，她开始莫名发烧，一直持续了一周时间。后经医院诊断是伤口感染引起的破伤风，前后治疗共计花费近万元。彼时，姑姑一度庆幸自己多亏投保了意外险，不然都得自掏腰包。然而令她意想不到的是，保险公司最终只赔偿 50%。为什么？姑姑的第一反应是觉得自己上当了。但实际上，保险公司并没有骗她，这其中涉及的恰恰是保险的赔偿近因原则，即指造成损失最直接、最有效、起主导作用的原因。通常在发生意外后，理赔与否及理赔比例与近因有着直接关系，只有在导致保险事故的近因属于保险责任范围以内时，保险公司才承担赔偿责任。换句话讲，保险公司承担赔偿责任的范围应限于以承保风险为近因造成的损失。一般在司法实践中，近因原则已成为判断保险公司是否应承担保险责任的一项重要标准。譬如，对于单一原因造成的损失，单一原因即为近因。而对于多种原因造成的损失，持续地起决定或有效作用的原因为近因。照此判断，姑姑到医院就诊的最直接原因是伤口感染引起破伤风，虽然这些情况的‘导火索’是她意外摔倒划破脚趾，但两个原因相比，导致其住院医疗的还是破伤风。倘若姑姑在划伤脚趾后直接去医院就诊，那么由此产生的医疗费用，只要是在保险责任范围内的，保险公司都会全额赔偿，可如果发生意外后没有及时救治导致意外损失扩大的部分，保险公司则有理由不承担责任。”

“原来，近因不是最近的原因，而是造成事故最直接、最有效的原因。看来没文化真可怕啊。一个再平常不过的意外险，不单要知道怎么买，还要清楚一旦出险哪些情况保险公司是不予赔偿的。”乔薇又一次因汲取精华而暗自欢喜。至少，她在投保意外险后若不幸出险，也不至于犯下“姑姑式错误”。

“意外就像雷阵雨，你不知道什么时候下，又会下多大。而且，意外发生后造成事故的原因可能是一个也可能是多个，可能是多个没有关联的原因也可能是一连串的原因所致。因此投保人务必做到知己知彼，心中有数。故，若站在‘彼’的角度，保险公司所谓的意外伤害构成必须具备以下三个条件，否则一概拒赔：一是‘被保险人在保险期限内遭受了意外伤害’，也就是说遭受的意外伤害必须是客观发生的事实，且客观事实必须发生在保险期限内；二是‘被保险人死亡或残疾’，这里指的是在法律上发生效力的死亡和残疾；三是‘意外伤害是死亡或残疾的直接原因或近因’，该条件要求意外伤害与死亡或残疾之间必须存在因果关系，否则不能构成保险责任。”

大文几乎一个人在刷屏。

“在给父母投保意外险后，也应大概给他们讲讲，哪些情况保险公司是不予赔偿的。我觉得，儿女需要正确引导父母，不仅在投保上，还包括他们的理财观念。比方说，要让老人们知道，退休后保命比生财更重要，风险投资已不适合自己。又比如，要让他们懂得怎样识破各类常见的金融诈骗及电信诈骗。终究在中国现有的国情下，‘年轻人钱少，老年人钱多’是个规律性事实，但从信息渠道的畅通度看，却又是倒置的，即年轻人获取信息的范围广泛且具备一定的甄别能力，而老年人则大多消息闭塞，更没有对某项投资或某款产品的分析判断能力。因此，市场上很多所谓的‘理财师’纷纷盯住这一‘最好骗’的群体下手。只一番花言巧语，很多老人便端着‘棺材本’前来，甚至感恩戴德。表面看，是这些老人太过轻信他人，可往深了说则是儿女与他们交流不够，未给予及时引导。也许一些年轻人觉得，父母亏钱我补上不就行了，但从我实际接触到的情况看，当老人的亏损数额达到 5 万甚至 10 万元以上时，因亏损而诱发老年人罹患心理疾病，抑或旧病复发的概率相当高。所以作为子女的我们应该学会站在老人的角度去思考问题，就像我们不厌其烦地站在孩子的角度培养他们财商一样，正在老去的父母同样需要接受新时代下的新思路与新方法。”

“确实，就拿最简单的电信诈骗来说，上当的普遍都是老年人。”田蒂不由想起母亲两年前险些被骗的经历。是一个催缴有线电视费的莫名电话，告知如不及时缴费将被停机，并向母亲索要姓名、地址等个人信息，同时诱使其将钱打到指定账号。还好，当时母亲刚交费不久，直接拨打了当地的客服热线查询。“后来说起这件事，母亲告诉我，如果事先没有缴费说不定真就把钱汇过去了。正像大文刚才说的那样，老人普遍对外界事物特别是新鲜事物了解较少，警惕性较差。加之儿女又都不在身边，平时缺少陪伴。一旦遇到油嘴滑舌的骗子冒充老人亲人或公检法机关及金融机构，只要‘剧本’合情合理，普遍都会失去判断能力，轻易转账。

“虽说我们都处在上有老下有小的年纪，但爱需要平均分配，绝不能因为孩子而忽略了父母。什么是孝顺，它是一种综合体现，并非定期给钱买物这么简单。多与他们沟通，多向他们介绍些当今的电信诈骗案例，最好能给他们的手机装上安全软件，进一步对骚扰短信和诈骗电话进行有效拦截。从近几年的电信诈骗形式看，以下**‘六类电信骗术’**应告知老人多加防范。”大文将曾经给杂志的投稿，直接复制过来。

“首先是冒充国家公职人员，尤其是政府部门工作人员，是近些年最为‘时髦’的诈骗形式。大多是电话告知‘受害者’牵涉洗钱案或毒品交易案，且留有案底，要想消案必须汇钱至某个账号，否则将被起诉。危言耸听之下，一些手足无措者，特别是老年人最终花钱消灾。其实，只要通过正确渠道核实人物身份、电话及事情真伪，完全可以识破骗局。而且任何陌生电话但凡落到‘汇钱’二字上，多半都有问题。”

“其次是以语音提示方式，告知社保卡或医保卡发生异常，需要冻结，并提示尽快拨打所谓的公安局或检察院电话以协助调查。而这些所谓的公、检部门电话一旦拨打，对方‘工作人员’便会要求将银行存款转至‘安全账户’进行保护。说到底，骗子以‘撒网式拨打’方式求的是上当概率。故只要接到的电话是陌生语音播放，最好第一时间挂断，因为诸如社保卡、医保卡等出现问题时，相关部门工作人员会直接与单位取得联系，即使办理业务也需要到服务大厅处理。”

“第三是以快递之名索要信息，便于进一步诈骗。可以说这是随着网络购物的普及而衍生出来的新骗术。骗子十有八九会冒充快递员，先电话通知客户有未取快递，待人工查询时详细核实姓名、电话、地址、身份证号等个人信息。只要这些信息到手，行骗者就会挖空心思展开接下来的攻势。比如真有老人在‘提交’个人信息后没多久就收到了快递包裹，里面是某公司回馈老客户的抽奖卡，并附有中奖等级和奖品信息，包括公证处、公证员、厂址、电话等，甚至神秘地写着‘请妥善保管中奖单，勿将密码外泄，以防他人冒领’的‘温馨提示’。而在说明页的最后，还标注了这样一行字：凡中奖的客户均需缴纳个人所得税、公证委托费。若因路途遥远，没有时间领奖的客户，可委托公证处进行转账。可谓一应俱全。事实上，开奖区涂层下掩盖的都是几十万甚至上百万元的头等奖，骗子赚的恰恰就是那所谓的个人所得税与公证委托费。所以，千万告诫老人不要财迷心窍，要让他们知晓些必要的常识。譬如任何情况下，在未收到奖品或奖金前，不要先行汇款，即便理由再合理。又譬如生活中常见的‘400’客服电话，目前主要起转接作用，即只可接听客户来电而不能向客户去电。所以凡‘400’开头的来电多是骗子，不要相信，更不要轻易泄露个人信息或转账付款。”

“第四是冒充亲朋或战友借钱，骗一个是一个。对于那些记忆力减退的老年人来说，很容易因为骗子的某句话或某个语气词而联想到曾经的某个人，却又模糊了这个人的相貌声音。如此一来，便念于旧情‘雪中送炭’。其实对居家老人来说，在纷繁复杂的现实社会应养成‘凡事核实’的习惯，遇有借钱情况务必在电话中多问，同时致电这位借钱的亲友以再次确认。倘若一个失联多年的人突然冒出，且以借钱为目的，那么就要高度警惕了。”

“第五是积分换礼做诱饵，实则让你补差价。在‘积分’广泛存在于各行各业的今天，不法分子也大肆在这两个字上做起文章。尤其到了节日前后，骗子们更是全员出动，冒充某公司客服部的工作人员，告知客户抓紧进行积分换礼，以免到期清零。可是，当客户选中某款兑换礼品时，‘客服’又会以积分不够为由要求支付差价。按照上当比率50%计算，累积起来的差价也是笔不小的数目。至于礼品，只是个子虚乌有的诱饵罢了。”

“第六是谎称领取某项补贴过时不候，目的是引人转账。对于类似‘补贴’这种超接地气的字眼儿，别说老人，就是年轻人也不会存何疑心。譬如，在放开生育二胎政策后，一些不法分子通过非法手段获取用户生育信息，然后直接拨打电话，称其符合国家新生儿补贴标准，可获得定额补贴。又比如，从非法渠道获悉死亡名单，在安慰家属的同时告知其可以领取丧葬费补贴。如此名目繁多的‘补贴’背后，实则为获取个人信息达到转账操作的目的。所以，生活中假使遇到这类‘领补贴’的好事，要么拨打110咨询或直接报警，要么干脆当作什么都没听到。”

就在大文不断发送信息的同时，田蒂也一直在进行着复制粘贴保存的机械性往复运动，而乔薇则看到两眼发酸。

田蒂始终在琢磨这样一个问题：究竟怎样才叫孝顺？说到底，是让父母从思想上与时俱进，接受新鲜事物，享受现代生活。只有做到人老心不老，幸福指数才会高，看待问题的角度才会不同。就拿理财这件事来说，但凡被坑骗的父母，几乎都是些观念陈旧、思维僵化、身心与时代脱轨的居家老人。我们常以异地忙碌为借口，以孩子升学为托词，不自知地疏远了父母。只是在想起他们时偶尔打个电话却又草草挂断，只是在逢年过节例行公事般地给钱买礼。不一定是我们没有时间，而是将每天有限的 24 小时分摊给了工作、孩子和社交。一来二去，陪伴父母被无限拖延至下一刻。直到有一天，下一刻成为永恒的虚无，化作墓碑前的恸哭。

铃音，划破空气，带着严肃。

田蒂抄起办公电话。“王总，我也正有事向您汇报。”

说罢，抽出文件最下面的“年假申请表”，走向总监办公室。

路过同事凌子的办公格时，发现她正不耐烦地接听着母亲的电话，甚至因为要等一位重要客户的来电而冲母亲大呼小叫。

这不正是几年前的自己吗？为一个陌生人，不惜让最爱的人伤心。而今随着成长，田蒂渐渐明白，什么才是属于自己的，什么又是该倍加珍惜的。即便今天失了工作，凭借经验与能力还能谋到更好的差事，但如果失去的是挚爱的双亲，将永远没有机会弥补亏欠。

【财人新计】

人过四十，时间便以恐怖的速度飞转流逝。因为踏入这上有老下有小的不惑之年，意味着要经历各种各样的离开，尽管我们是那么不愿面对。

田蒂开悟得还算快，她已经意识到为年迈的父母投保是子女应尽的一份责任。但遗憾的是，中国老人的投保问题并未被多数家庭提上议事日程。似乎在旧有的观念里，人到了一定年纪，命由天定无法左右，有那投保的钱不如给儿孙攒着娶妻成家。可事实上，真当意外或疾病降临时，你会甘愿眼巴巴地看着父母等死吗？不会。于是你开始取钱凑钱，求医问药。绕了一圈，花的终还是那笔给儿孙积攒的成家钱。所以从本质上看，为老人投保相当于提前把极少的治病钱放在保险公司，真当未来某天需要时，得到的“雪中送炭金”将数十倍抑或上百倍于“初始投入金”。就好比提前很久用10元钱的超低价格订了张国际机票，待出发那天时，获得的则是与全价机票对等的行程礼遇与尊崇享受。更何况，老人出现意外罹患重疾的概率远高于年轻人。提前借保险转嫁未来资金压力，就像给种子施肥浇灌，一旦遭遇急风骤雨，终还有棵参天大树让你倚靠。

其实，理财到了晚年，不再意味着高风险与高收益，它更多的是细水长流。**且年龄越长**，越该减少风险投资的比率。有个比较适用的“**百年余龄法**”，即用（100-年龄）×100%来衡量一个人的风险投资最大比例。譬如，一位70岁的老人所能承担的风险性投资最大不应超过可支配资金的30%，也就是说，不论出于何种理由，都不可触碰这一比率临界点。此外，在为父母购买理财产品或指导他们投资前，不妨计算下从投资之日起至本金翻倍大致需要的年限。于是又涉及著名的“**七十二定律**”，即本金翻倍需要的年限=72÷（年化收益率×100）。譬如一款年化收益率为5%的国债类产品，假定每年连续购买的话，套用此公式大约需要14年半的时间实现收益翻倍。还需说明的是，此定律是在一切顺利的情况下实现本金翻番所需的时间，并不包含投资市场暗藏的风险，尤其是市况逆转风险。故“七十二定律”只是种粗略估算，以帮助我们了解不同投资回报率的产品在历经复利滚存后所产生的不同效果，不能完全反映真实情况。总之，在指导或协助父母理财时，务必求稳健，不要涉猎个股、期货、贵金属T+D等高风险产品，以及P2P、集资等未经考证的不靠谱公司项目。

中年离婚“阴谋战”

望着镜子里模糊的自己，香兰终于下定决心，离婚。

但在去民政局办理手续前，她还要佯装成原来的样子，继续与牛建军过日子。

结婚24年，香兰为这个家可谓操碎了心。她清晰记得婚后头一年因工作劳累而流产，待再次怀孕生产时，又赶上丈夫调往外地科研。于是在女人最需要关怀的特殊阶段，香兰硬是自己扛过来。结婚第五年，孩子得了急性肺炎，丈夫恰好职称备考，迫使她四天三夜未合眼。后来孩子好了，丈夫的职称也顺利评上了，可她自己却大病一场，以至于因为那次持续不断的高烧导致过早闭经。结婚第十年，孩子上了小学，香兰除了工作、家务外，又包揽了接送孩子上下学、辅导功课、开家长会等所有她认为一个母亲理应做的事。甚至在孩子高考那年，她欣然放弃护士工作，全身心扑在家庭上。

香兰是没有自己的，也从未考虑过自己。抑或更准确地讲，自嫁给牛建军起，她的全部就都给了这个男人。生是你的人，死是你的鬼，祖祖辈辈的女人都是这么过来的，所以在她的观念里，女人一旦结了婚就得挑起相夫教子的职责。丈夫是天，孩子是地，自己是那个仰天抚地的人。于是，时光就这样悄无声息地侵占着香兰的时间，腐蚀并摧残着她的青春。

香兰用手抹去镜面上的蒸汽，仔细端详着这个赤裸的身体。深邃的颈纹仿佛老树的年轮，松垮的乳房摇摇欲坠毫无生机，腰间层叠的脂肪忠实地守护着粗糙的肌肤。不，香兰不忍再看下去，那一瞬，她终于明白丈夫为何会对前女友念念不忘，为何会冒着被撞见的危险将那女人带到家里明目张胆地苟合。或许最初只为满足人类最原始的兽性，但后来，他们之间的感情在频繁的做爱中得以升华。就算香兰再不敏感，也终究还有属于女人的第六感。就算她再不闻不问，也还是发现了交合过后的蛛丝马迹。如果这些都是推测，离婚时不足以作为证据的话，那么香兰只能拿出行车记录仪不经意间录下的声音。是丈夫与前女友的一段对话，及二人情至深处的不自禁。

香兰擦干身上的水珠，穿好衣服，强忍着心中的压抑走进卧室。丈夫已经鼾声四起，而她却睡意全无。

孩子大了，丈夫也事业有成了，唯独自己，除了老得一塌糊涂什么也没得到。想想曾经的自己，也清纯窈窕自立自强过，甚至还是全科最有可能被提拔为护士长的人。只可惜时过境迁，一切都成为过去，淹没在历史中。

香兰突然感到很无助，像被世界遗弃的孤儿。的确，人到中年，本该从容平和地体味人生，却不幸要被迫面对残酷的现实，换谁都无法接受。

这个薄情的世界，为何只有我在深情地活着？难道人心都被狗吃了？既然与前女友如此藕断丝连难舍难分，为何当初还要与我结婚？24 年的婚姻难道从始至终都只是同床异梦？香兰默默叩问，怎么也找不到答案，直至头痛断续袭来，才强迫自己睡下。

如果心痛分等级，那么被挚爱欺骗的痛，绝不亚于至亲离世。

身为女人，香兰觉得自己活得很冤，似乎婚姻带给她的除了孩子别无其他。是的，假使离婚，她能得到的财产也只微乎其微。再往后的日子更是不敢想，全职在家这么多年早就与社会脱节，别说微信，就连QQ是什么她都一无所知。同龄的昔日好友渐渐与之疏远，因为彼此可谈论的共同话题愈越来越少。

所以香兰几乎没有朋友，除了超市理货的张嫂——那个善于搬弄是非的女人。牛建军与前女友间避光的婚外恋最早便是张嫂洞穿的。然后第一时间禀报香兰，让她看紧丈夫，并毫无保留地传授给其大量侦查方法。就这样，在张嫂热情的“关心”下，香兰从一无所知到全盘了解，从半信半疑到深信不疑。就好比正狼吞虎咽的面里有只苍蝇，吃的人压根儿没察觉到，若囫囵咽下去并不会夺命，充其量折腾个上吐下泻。但直白的旁观者一五一十指出，甚至将苍蝇择出来，可想而知，即便再需要充饥也不可能继续吃下去。所以，面是一定要扔的，但不是马上。

至于婚姻发展到今天的地步，是该感谢张嫂的“鼎力相助”，还是该怨恨她的“过度干涉”？香兰不得而知。毕竟除了张嫂又有谁能如此透彻地了解她的苦衷呢？在这凄惨的中年，若还能有人倾诉有人同情的话，也只有张嫂。

某天晚上，牛建军打来电话称要连夜赶往厦门，为了次日早上的一个学术会议。

“去几天？”

“也许三两天，也许一周。”

香兰的追问从来都得不到确切的回答。用张嫂的话说，“人家八成订的是双人机票，以学术之名异地快活，这样既不会引起你的怀疑又不用担心亲密时被认出，所以哪来的确切回答。”是的，后来证明张嫂的猜测千真万确。就在一个月后的某天，香兰在整理丈夫公文包时发现了文件夹层掉落的登机牌，是厦门飞北京的，登机时间恰好是牛建军返京的日子。可这却不是他的登机牌，而是署名李雨琦——那只碗里的“苍蝇”，他的前女友，香兰的毒药。

“难道犯人作案后都不知道清理现场吗？可见他已经嚣张到无视你的存在了。”当香兰把“罪证”摊给张嫂看时，张嫂说出了这样一句意味深长的话。

确实，牛建军是不怕被发现的。一来，离婚于他来说充其量只是换了个陪他的人。二来，他知道香兰离了他就没法继续生活，更没有改变现状的勇气。最为关键的是，离婚对于香兰而言无异于破产，她将失去衣食无忧的生活，变得一无所有。所以牛建军在这件事上拥有绝对的主动权，也就不会顾及所谓的“作案痕迹”。况且，他有着如日中天的事业、逐年增长的财富、经年积累的阅历、稳重成熟的年岁，这一切都如黄金般持久增值。可香兰又有什么呢？似乎她曾经所拥有的现在都已贬值，她就像个垫脚石，成就了别人的辉煌，却磨损了自己的身体。

“所以你不能就这么离了，得战争。”

张嫂说得咬牙切齿，仿佛在为自己争取。或者说，是这相似的遭遇让她想到了当初的自己，因为一时冲动亲手结束了苦心经营 26 年的婚姻，然后挥一挥衣袖，没带走一分财产。那几乎是她做过的最愚蠢的事，不单因为离婚彻底破产过上颠沛流离的生活，而且还要为生计四处奔波。

“说的现实点，如果房本、车本、银行卡上都不是你的名字，若离了岂不是全便宜了那个女人？到时你后悔都来不及。再者说，你有固定的收入来源吗？你又靠什么养活自己？所以不仅要有策略地离，同时还得找好后路。”张嫂在说这话时一脸严肃。“既然婚姻已经到了病入膏肓的地步，你能做的并不是拯救，而是在婚姻正式宣告死亡前把自己今后的痛苦降至最低。”

张嫂俨然通过那场中年离婚破产风波见识了婚姻最残酷也最现实的一面。这十足让香兰明白了这样一个道理：如果一个女人在最重要的几年投资的是一个男人，那么之后的几十年，她将不断求着这个男人不要离开。钱房子车子都只能带给她一时的安全感，因为从长期看，女人的安全感永远是有自我成就感，即自身对他人和社会有存在价值。不知张嫂从哪里看到的这句话，总之成为其离婚后的座右铭。意在告诫女人别活得像支烟似的，让人无聊时点起你，抽完了又弹飞你。而要活得像毒品一样，要么不能弃，要么惹不起。

于是，大彻大悟后的香兰决定从 48 岁开始重新为自己活一次。比起到 60 岁时再顿悟，一切都还来得及。

牛建军的出差频率与其在学术界知名度的增长成正比，而李雨琦也偶在闲暇时瞒着丈夫各地幽会。香兰很清楚身边正在发生的一切，却假装糊涂不去捅破那层纸，因为她在酝酿着一次蜕变与革新。

听说做月嫂在北京很赚钱，只需通过专业培训，一个月子下来就能赚上万元。假如一年只接六单，那么少说也能存下六七万元。这对香兰来说的确是再好不过的消息。于是在张嫂朋友的转介绍下，她花了不到三个月的时间就完成了各项培训，并顺利接下第一单。

香兰的第一位客户是个极其会理财的女人，叫大文。在照料月子期间，香兰不单学到了很多她闻所未闻过的理财知识，而且还懂得了该如何在婚姻中合理维护自己的权益。说实话，香兰打心眼儿里羡慕大文，将事业与婚姻都打理得如此无懈可击。而自己活至天命年才刚悟出婚姻的真谛，知道作为女人该怎样活着。

“如果您真下定决心非离不可，那就在去民政局前做三件事。”

在香兰眼里，大文是除张嫂外第二个知道自己家事的人。但与张嫂不同，她并没有劝说香兰如何侦查丈夫的行踪，甚至不建议她再将大把精力放在男人身上。在大文看来，香兰眼下要做的**第一件事就是找好退身步，即养活自己的能力**。比如月嫂这个行当，完全可以作为香兰日后积累个人财富的主要途径，但不一定是唯一途径。

“可我除了伺候人又能做什么呢？”香兰极度自卑，尤其在婚姻岌岌可危的今天，这自卑甚至演变成一种自弃，只是潜意识在不断发出信号——你得挺住。

“您知道吗？离婚会毁掉一个女人，但同时也会塑造一个女人。”见香兰一脸苦涩，大文的同情心瞬间爆棚。

“如果他的心已经走了，勉强维系婚姻又有什么意义呢？离开一个不再爱你的男人是种解脱，意味着你将开启一段崭新的人生旅程，这对于有限的生命来说是种尊重。”大文平和的语气如春风般拂过香兰自卑的心。“离婚之后的女人分为两种，一种是彻底放弃自己，放弃人生，觉得生活索然无味，毫无生机。而另一种则会从这段失败的婚姻中重新审视自己，尽可能把自己变得更完美。她们甚至会发现，原来自己也可以如此强大，原来男人并非生活的全部。就拿您来说，也许做几年月嫂之后，自己开公司当老板都有可能，关键是不要看轻自己。”

“姑娘太高看我了。全职在家以前的那些年，我也就是个小护士，整天查房输液打针。辞职后的这些年，逐渐退化成不折不扣的家庭妇女，整天买菜做饭收拾屋子。像我这种既没太高学历又没过人强项的老女人，怎么可能当老板？”香兰觉得大文只不过在用这番话鼓励自己，就像灯塔之于孤舟。

“若您相信我，就请不要带有任何排斥地听完下面的故事。”大文斜靠在床上，讲起堂姐的经历。

“我有个堂姐，40 岁离的婚，也是因丈夫出轨。离婚后，按照法律，房子归了前夫，她只得到了大约 200 万元现金。由于二人婚后未育，也就不存在孩子抚养权归属问题。恢复单身后，以堂姐当时 6000 元的固定月收入再扣除 3000 元房租，剩余的钱只够衣食行娱等基本开支，生活水平直线下滑。主观上，她并不想再婚，也不想过多动用被分得的 200 万元资金，毕竟那是堂姐全部的依靠。于是，离婚后如何让个人生活更有保障成为她不得不面对的现实问题。从理财的角度，我将其归为不愿再婚、自给自足的那一类。考虑到堂姐是工薪阶层，额外收入几乎为零，所以她急需通过合理投资来获取源源不断的理财收入。就拿最简单的方法——银行定期储蓄来说，200 万元存一年的话可以获得 6 万多元利息。这笔利息若折合成工资，意味着实际月收入达到了近 12000 元，房租占收入的比重一下降至 25%，负担大大减轻，而每月结余下来的钱也足以让单身生活过得惬意舒适。”

刚还忙着擦拭奶瓶的香兰，不知何时竟坐到床边，认真地听起来。

“当然，还需要考虑通胀因素。终归未来房租及其他生活成本都会随着时间的推移温和地上涨，眼下即便钱够用，可十年甚至二十年后怎么办？居安思危之下，堂姐拿出其中的 20 万元入股创业，与朋友在大学校园里合开了家小咖啡馆。还别说，由于定位精准、价格适中，经营的第二年小馆就实现了盈利。以此运营状况，预计第三年后咖啡馆的年利润至少能达到 20 万元。至于剩下的 180 万元，她在我的建议下，用其中绝大部分资金购买了银行保本理财产品并成为了贵宾客户，平均年化收益率 5%，一年到头就又多了 9 万元进账。用这赚来的收益，她给自己购买了商业保险，以提高个人整体抗风险能力。”

听大文聊及保险，香兰忙插话道，“在婚姻关系存续期间，家庭所购置保险的受益人写谁都无所谓，可一旦劳燕分飞，保险该如何分割？我家老牛好像就买过商业险。真要离婚了，保险有我份儿吗？”

“这就是您眼下**要做的第二件事，即全面掌握现有家庭财务状况，摸清法律如何界定离婚财产分配**。比如您所说的保险分割，坦白讲，现如今的法律规范并不是很明确，诸多内容存在争议。尽管互联网金融时代下，人们可以通过网络搜罗到各类保单分割的情况，但也只能作为参考，对于不同个案的具体操作我建议还是咨询律师，以法律界定为最终标准。总体来说，夫妻离婚时，只要涉及婚姻存续期间购买人寿保险的财产分割问题，首要确定的便是保险价值。通常认为，人寿保险价值确定的标准主要有两种，一种是实际交纳的保费，另一种是保单现金价值。毕竟保单是一种财产，本身就具有一定的现金价值，而夫妻关系存续期间取得的财产属于夫妻共同财产。但是，保单又非单纯财产，特别是人身保险合同，具有一定特殊性。实践中，一种意见认为，应当依据保单的现金价值来确定保险价值，以解决保险权益的分割。理由是，人寿保险作为一种投资支出，具有财产权利向不确定转化的特点，其已不再是现存的、可确定的财产利益，很大程度上体现为一种预期利益。投保人缴纳保费后即丧失对保费的所有权，保费也转化为保险人资产。更何况保单的现金价值又称为解约现金价值或退保价值，是指带有储蓄性质的人寿保险合同所具有的价值，保险公司在退保时退还给投保人的部分责任准备金。显然，现金价值是保险合同所反映的当前可确定的价值，也是按照合同约定能够确定的衡量保险合同价值的标准，与合同继续履行所享有的包括保险金在内的各种预期利益无关。与此同时，还有种意见觉得，如果婚姻关系存续期间以夫妻共同财产交纳了一方个人的保险费，离婚后又由该方享有保险合同的权益，若在分割财产时仅仅是分配保单的现金价值，保险合同事实上又没有解除，对另一方而言并不公平。因此，投保人如果用夫妻共同财产为保单支付保险费，当属夫妻共同财产，保单的利益享有者应将已缴保费的一半补偿给对方。”

“看来，争议是很大。”香兰虽听不懂这些保险术语，但能感觉到，老牛的那些商业险一旦涉及财产分配，肯定非常麻烦。自己眼下能做的，只是将保单逐一复印，拿给律师看。

“事实上，除了保单，房、车、孩子的抚养权才是香兰更为关注的。因为在这场曾以为美满的婚姻里，香兰不仅失去了自己，而且名下也没有任何署名财产。甚至为了多给家里存些钱，她还用着最便宜的凡士林抹脸。”

大文将香兰这类女人归属为“傻傻付出型”，这类人恰恰是现代婚姻家庭中最易受伤的。出于对弱者的同情，大文十分乐意为香兰提供无私帮助。当务之急是要让她知道婚姻法新司法解释关于离婚财产分割界定的相关内容，以便心中有数。

“我接触过不少离异客户，从她们各自的财产分割情况看，没有统一的标准与答案。一般来说，夫妻双方若定要发展到离婚的地步，可以优先选择协商，不能协商的再向法院起诉离婚。离婚时，共同财产、债务一般平分，个人财产、债务则归个人。双方均不存在或都存在有过错的情况时，离婚时互不赔偿。否则，无过错方有权向过错方索赔。婚姻法第十八条规定，有下列情形之一的，为夫妻一方的财产：一是一方的婚前财产；二是一方因身体受到伤害获得的医疗费、残疾人生活补助费等费用；三是遗嘱或赠予合同中确定只归夫或妻一方的财产；四是一方专用的生活用品；五是其他应当归一方的财产。”

“那我家账户里套牢的股票和那些常年摆在格子里的收藏品，也算个人财产吗？”

“是婚前就有，还是婚后投资购置的？”

“婚后。”

“对于婚后尚未变现或变现麻烦的收藏品，抑或套牢的股票基金等有价证券如何分割的问题，近几年较为普遍。司法解释中对夫妻双方分割共同财产中的股票、债券、投资基金份额等有价证券以及未上市股份有限公司的股份时，协商不成或按市价分配有困难的，法院可以根据数量按比例分配。而收藏品则可在进行评估后做价值分割。”

“这么说，像我这样没有任何经济贡献一直靠男人养活的全职太太，离婚时也能平分财产吗？”香兰言语间，毫无底气。

“只要是婚后所得，即可按共同财产进行分割，全职太太身份不受任何影响。”

“实不相瞒，我家的情况相对比较特殊。五年前，老牛和朋友合伙开了家咨询公司，成立第三年开始盈利。我平时从不过问公司情况，更不参与经营，那么假使离婚的话……”

未等香兰把话说完，大文便拦了过去。“公司分配方面与是否参与经营无关，法院通常在审理离婚案件时，涉及分割夫妻共同财产中以一方名义在有限责任公司的出资额，另一方不是该公司股东的，按以下情形分别处理：其一，夫妻双方协商一致将出资额部分或全部转让给该股东的配偶，过半数股东同意、其他股东明确表示放弃优先购买权的，该股东的配偶可以成为该公司股东；其二，夫妻双方就出资额转让份额和转让价格等事项协商一致后，过半数股东不同意转让，但愿意以同等价格购买该出资额的，法院可以对转让出资所得财产进行分割。过半数股东不同意转让，也不愿意以同等价格购买该出资额的，视为其同意转让，该股东的配偶可以成为该公司股东。而用于证明过半数股东同意的证据，可以是股东会决议，也可以是当事人通过其他合法途径取得的股东书面声明材料。有律师圈的朋友曾告诉过我，现实生活中，离婚夫妻在大多数情况下就股权分割一事很难协商一致，有些要求分割股权所对应的财产价值，有些则要求分割股权。目前司法实践中，各地法院因认识不同，做法也不一。”

香兰并不奢望能从老牛的公司得到些什么，因为她很了解自己工于心计的丈夫，视公司比家庭还重要，甚至不止一次说过，公司是他第二个孩子。是的，孩子。香兰的心忽地揪了起来。从某种角度讲，丈夫在抚养权问题上更有发言权。但转念想想，现在的自己又拿什么给孩子幸福呢？于是黯然神伤。

“重新找到生命的重心，是您**要做的第三件事，也就是说，离婚后再婚前的个人财产规划及保全增值**。一般情况下，我给客户的建议不外乎这几点。”不管香兰能消化吸收多少，大文都要把问题竭力细化。

“首先，对于那些离婚后个人资产及财富较多的单身者，如果再婚将会面临新家组建后的财富归属问题，若选择进行婚前财产公证或多或少又伤及新感情。那么不妨采用财产赠予协议或遗嘱公证的办法有效解决这个问题。举个例子，假如某人离婚后分割得到了两套房产，加上目前的自住房，共三套，其中一套还有共计 70 万元的贷款要还。由于这些房子都是此人再婚前已经拥有，理应属于个人婚前财产。但倘若未来再婚后，此人不幸因意外去世，那么这些房子也将会作为遗产进行分配，而继承人由此人的子女增加至多人，包括再婚配偶甚至其孩子。为避免再婚后自己孩子的继承利益受到影响，完全可以采取将名下三套房产以订立财产赠予协议或订立遗嘱的方法赠予自己的孩子。若想确保万无一失，还可将此协议进行公证，且整个协议的签订与公证只需本人和孩子双方到场即可。这样一来，既可保全个人资产，又可避免伤害再婚对象的情感。其次，在离婚后的现金理财方面，最好以中短期投资为主，毕竟还要再婚。品种选择上可配置一些投资期限较短、操作灵活的银行理财产品，如果具备一定的投资经验，纸黄金也是再婚前的首选。此外，增加包括基金、国债等在内的机动资金，并配置稳健型理财产品以增加流动性。同时还可根据自身偏好，适当增加一些进取型理财产品。总之，对于流动资产占比偏低的离婚者，宜采取稳健为主的理财策略；对于偏富裕、无负担的，则可考虑相对激进一些的配置。”

香兰不由叹气。她很难想象离开丈夫孤身生活的日子，却又无法再同床异梦地过下去。

“说实话，很羡慕你堂姐，至少一直是个经济独立的女人。不单有稳定工作，还创业当老板。”

“一切都没你想的那么难，只是看待问题的角度不同而已。就拿创业来讲，有无数种方式，尤其在这个互联网时代，围绕互联网可以衍生出大量商机，若再与国家相关扶持政策结合，老板梦并不遥远。”

大文一时间想到数月前结识的一位新客户，是位精明的中年女性。曾任国企会计，后来儿子大学毕业后创业，她索性辞了职。母子俩联手设立了一个电子商务平台，最开始只是想给厂家、商家、代理之间牵线搭桥，可后来发现并没有太多亮点，极容易被复制赶超。于是转而锁定社区终端，通过线上线下联动，将服务落地。增加了社区超市、社区绿色蔬菜配送、社区养老等项目，且在养老方面，还获得了政策资金的扶持。可以说，在帮助普通老百姓用超低价购买高品质商品和服务的同时，既实现了个人创富，又解决了不少社区居民再就业及低成本创业的问题。

“也许，孩子大学毕业后选择创业，我也会跟随他。”香兰的未来，不论是否再嫁，孩子都是她此生最亲密的人。

“如果真能遇到好项目，完全可以让您丈夫提供资金。再说，即使创业触角没有伸向互联网，也完全可以借由网络实现产品全覆盖。譬如传统农业眼下已开始与互联网联姻，以网络众筹的方式让更多人了解绿色作物从种子到饭桌的整个演变过程，进而推广普及一种健康的生活方式。所以，网络给我们带来的绝不只有信息。如今，任何年龄、任何职业的人都能通过互联网找寻到自己的财富突破口。”

香兰恍惚间看到了希望，虽说她对互联网的理解依旧停留在Windows 98阶段，但她愿意用接下来的闲暇时间接受新事物的洗礼，挽回曾被家务偷走的那些年。不为当个女强人，只为能经济独立，告别仰承鼻息的生活。

在大文家的那段日子，香兰改变了很多，似乎从前根本不能接受的也渐渐学会了适应。

所以，后来的离婚并没有成为香兰抹不去的伤。经法院判决，她最终得到价值160万元的家产并额外获得10万元的精神损害赔偿金。看上去固然不少，但与逝去的青春和无悔的付出相比，根本不值一提。

人值中年，就这样分道扬镳，牛建军追悔莫及。原本只是想在枯燥的日子里寻求一分你情我愿的激情，却未料被出轨这把火焚毁整个家。可既有今日，又何必当初呢？也许这真的是当下不少男人的通病。

很快，走出阴霾后的香兰与张嫂合开了家饺子馆，并以众筹的方式宣传推广。开业短短两个月，便博得了周边居民及写字楼白领们的广泛欢迎。当餐饮邂逅网络，碰撞出的不只是成批订单，还有香兰那因劳累而锐减的体重。于是腰细了，人美了，钱多了，好日子便也接二连三地跟着来了。

离婚后的第三年，香兰遇到了同做生意的老牟。后来，喜结连理。在历经周折，生活重新安顿下来后，香兰终于明白，当你不再向生活妥协时，你才配拥有真正属于自己的幸福。

【财人新计】

电视剧《离婚律师》的热播不仅让《婚姻法》成为人们生活中的又一谈资，同时更让离婚后的理财成为新的热议话题。

当今社会，离婚早已不是什么羞耻之事。尽管绝大多数夫妻依旧朝着“执子之手，与子偕老”的方向努力，但谁也无法预知下一刻究竟会发生什么，我们能做的只是尽可能在理财知识与技巧上多充实自己，以防婚姻危机发生时所导致的更严重的财富危机。

笼统讲，需要格外注意六点。

首先是离婚时能明确的婚前财产，尤其是贵重物品，应有相关证据为好，厘清哪些属于原拥有人。

其次是双方或一方有一定资产的，最好于再婚前进行婚前协议和公证，以适当保护双方利益。

第三是继承父母遗产时，除非注明是继承给孩子个人，否则一律视为家庭共同拥有，离婚时也需要分给对方一半。

第四是一方若有第三者，瞒着配偶赠予第三者的贵重物品，如房子、大笔现金等，属婚后共同财产，有权追回。且有过错方离婚时需有一定的经济让步。

第五是为了买房省税的“假离婚”往往会弄假成真，且在法律层面属于真离婚，应予以足够重视。

第六是在离婚案件中，价值较大且争议最多的就是人身保险，进而又细分为人寿保险、人身意外伤害保险和健康保险，其中人寿保险时间长，保费数额大，现金价值也大，离婚案件中主要涉及的也是这部分。建议遇到此类问题时，应首先咨询相关律师而不是保险公司。《最高人民法院关于审理保险纠纷案件若干问题的解释（征求意见稿）》第四十五条规定：人民法院对于以夫妻共同财产投保后，夫妻又离婚的，应当按照以下情况处理涉及保险的纠纷：首先，一方为投保人并以自己或其亲属为受益人的，应当给予对方相当于保险单现金价值一半的补偿。其次，一方为投保人，对方或其亲属为受益人，人民法院应当支持对方继续交纳保险费维持合同效力的请求，但该方当事人应当给予投保人相当于保险单现金价值一半的补偿。

第四篇　白发族的困惑

退休，让单一的生活有了另一种可能。但当一个人彻底告别朝九晚五的快节奏而放慢脚步静心养老时，才会发现，并非所有白发族都能实现预想中的“老有所依、老有所乐”。相反，更多人为了下一代的幸福而迷失自己，甚至葬送晚年。那么，攒钱究竟图个啥？

与互联网金融过招儿

9 路公交车终于来了。

两位老人一前一后鱼贯上车，在大文对面相邻而坐。虽说他们并不熟识，但相仿的年纪让彼此很快找到了共同的话题，于是用聊天打发着到站前的时间。

“您哪站下？”胖一些的老人主动开口。

“第三医院。您呢？”

“一样。也是去抓药？”胖老人恍若找到知音，声调也转瞬变得亲切起来。

“去对面的国旅，这不是报了个老年团嘛，打算看看下月的旅游路线。”

“哦。”

胖老人倏尔又陷入深深的怅惘，那一刻，他必定心生艳羡，于是便有了半分钟的静默。他故意将脸扭向另一侧，厚厚的眼镜片即刻微缩出窗外的车水马龙。

“咱俩岁数应该差不多。”这一次主动搭讪的换成了瘦一些的老人。

“我今年 67。”胖老人边说边用手比划着数字。

“真巧。我也属牛，67。”

“老了，老了，不中用了。”胖老人念叨着。“你还好，身体硬朗。我这又是高血压又是糖尿病的，都成药篓子了。”说着，他突地闷声咳嗽起来，喉咙震动胸腔共鸣出的音色已然昭示着他的外强中干。

“我这是没检查，一查也都是毛病。”这显然是句安慰的话，但胖老人好似再次找到了共同话题。

“咱们这把年纪可别轻视了健康，定期查查身体，既是对自己负责，也是对儿女负责，免得给孩子们添麻烦，他们已经够不易了。”胖老人继续着伤春悲秋的基调。

相同的年龄，不同的状态。一个精神攫烁阳光干练，一个体弱色衰颓唐臃肿。一个向往着环游世界，一个奢望着病情稳定。一个在笑容滋长的地方烙下深邃的法令纹，一个却在眉宇间凝出两道愁苦的沟壑。他们就像黑与白，带给大文强烈的反差对比。此时，途经正在修缮的十字老街，横纵车流堵作一团。任司机如何拉长汽笛也无济于事。渐渐的，乘客抱怨声四起。在这个周一的早上。

胖老人还在讲他的故事，不论身边人是否在听。他说自己的治病钱医保只报销很少的比例，大部分都由儿子担负。他又说如果将来身体越来越差就不治了，反正人早晚难逃一死。他还说自己看见了隔辈儿，这一生了无遗憾。其实胖老人惆怅满腹的根源并非空穴来风，而是因为养老钱全被一家叫融信的公司骗走了。

“真无耻！去告这帮龟孙。”瘦老人愤然鸣不平，但声音很快淹没在嘈杂里。

“往哪儿告，人都跑没影儿了。我去过他们办公的写字楼。据楼管说那家公司一个月前就蒸发了，连张复写纸都没剩。”

“究竟是个什么公司，又是怎么骗的您呢？”一头雾水的瘦老人迫切地想知道原委并以此为鉴。

“去年 6 月。”胖老人的脑海里浮现出那天的情景。“确切说是 6 月 15 日，我孙子满月那天，本打算去超市买瓶醋，却硬是在卖场入口被一自称是融信理财客户经理的小伙子拦住。上来就告诉我说存 5 万元一年后稳稳当当赚 7500 元，如果存 50 万，一个月就能拿到 3500 元的利息，而且都是零风险保本的。这样算下来，年化收益率比银行产品高出三倍。见我没有异议，他便把我搀到宣传桌前，拿了张产品详细介绍，并催促称一周内购买还额外赠送两桶鲁花花生油。”

“于是您就买了。”瘦老人的语调略带惋惜。

“终究还是考虑了一段时间，再说我也不是冲着那赠品去的，所以，所以先投了 5 万元试试看。”

“然后呢？”

“然后今年 2 月份，那位客户经理给我兑现了合同约定的半年利息，总共 3000 多元。”

“再然后您就把养老金都投里了？”

“是的，我们老两口就像中邪一样，将 20 多万存款都取了出来，傻子似的买了款月息高达 9%的产品。”胖老人眉头间的褶皱几乎拧成疙瘩，声音裹挟着激动。“后来就再没打通过那个客户经理的电话，接着就是得知那家机构跑路的消息。一切都来得那么突然。”又是一阵急促的干咳，胖老人用拳头挡在口边，生怕喷薄而出的气流夹带着唾液飞溅到周围。舒爽地咳过后，只见他身体侧倾掏起了口袋。“合同和产品宣传我时刻带着，只要碰见懂法律的，我都让人家给看看有没有挽回损失的可能。您也看看，省得上类似的当。”说着，他摊开一摞纸递给瘦老人。

就在胖老人摊平宣传页的瞬间，大文瞥见了令她揪心的三个字——P2P。

瘦老人眯缝起眼睛聚着焦，极其仔细地读着每一个字。当他读到“债权保障可以保障出借人在资金出现问题急需用钱时通过债权转让的形式将债权转移给其他人”这句时，大文实在按捺不住了。“这些不知名的小公司所售卖的 P2P 产品是万万买不得的！”

唐突的打断不禁让两位老人定格在吃惊的刹那。尤其胖老人，他的眼神告诉大文，他并不确定或者根本就不知道 P2P 是什么。

“这类产品本身就存在很大的风险漏洞。”

“哦？您也被骗过？”瘦老人惯性地以为。

“为什么非要在跌倒了才彻悟？就不能提前了解清楚再决定是否投资？”大文望向胖老人。“如果您事先多咨询一些专业人士，绝对可以避免损失。”

“这 P2P 到底是个什么？”胖老人有点儿坐不住了。

“P2P 说白了就是个人与个人之间通过理财公司这一中介平台所实现的借贷，是一种将非常小额度的资金聚集起来借贷给有资金需求人群的一种民间小额借贷模式。在此过程中，理财公司的职能就像婚介所里的红娘，负责将素不相识的借贷双方对接起来实现各自的借贷需求，但他们只负责对借贷双方的基本情况进行调查审核，以使介绍信息相对准确。而对于借贷双方所建立的关系是否长久则不属于他们的权限范围。通常，借款方可以是无抵押贷款者，也可以是有抵押贷款者。贷款方则大都存在理财需求，想赢取高额收益。作为夹在二者之间的理财公司，其盈利点来源于借贷双方或单方的手续费佣金，及一定息差。目前，市场上的 P2P 理财公司不计其数，收益率也是不相上下。”

“听上去不像骗子公司。”瘦老人自言自语。

“抛开那些类似黑婚介的骗子理财公司不谈，事实上多数公司的设立初衷并不想去骗，只是最后真的无力收拾残局了。”

“残局？”

“更确切地讲，是**“资金黑洞”**。我给您讲个故事您或许就明白了。”大文迅速梳理思路，以期用最明了的语言阐述最专业的问题。“某天，调料厂的甲为扩大经营急需一笔资金，但银行不仅审批严格且放贷周期较长。于是甲向乙袒露心声，并找来丙做其担保人，以消除乙借钱的顾虑。但乙为确保甲能如期还款，便找到了丁——P2P 贷款平台公司，他希望丁能对甲的资产和收入情况进行翔实核查，并承诺如果甲及其担保人丙都不能还款，就由丁先行还款以确保乙的资金安全。这样一来，乙的资金就有了如下三重保障：首先是甲还款，如果甲无法还款就找担保人丙，而倘若丙也偿还不了，最起码还有丁兜底。故乙答应借钱给甲，但要通过丁的贷款平台公司把钱借给甲。很显然，所有风险经过层层沉积后都堆在丁身上。那么丁又如何保证其投资者乙的收益呢？首先，丁会派公司里的风控团队严格审核贷款人也就是甲的还款能力与还款意愿。其次，丁还会派团队调查审核担保人丙有实力在甲不能还款的情况下代其还款。最后，如果贷款人甲和担保人丙都无法还款时，按约定丁要先行还款以确保乙的投资收益。通过这三个环节的保障，乙才能获取安全稳健的预期收益。原则上讲，丁为了自身利益必会对审核过程严加把关，然而万事百密终有一疏，一旦甲和丙都出现问题，丁也只能打牙往肚里咽。若资金量小还好说，怕就怕形成了巨大的‘资金黑洞’，堵都没法堵。怎么办？只能一跑了之。”

“他们当时成立公司就没有注册资本吗？”胖老人狐疑地发问。

“这就如同酒盅与西瓜的关系，用极小的容器根本不可能托住庞大的西瓜。我查过不少 P2P 网络金融公司的资料，发现业内知名 P2P 网站注册资本也不过 50 万元。您可以想象，50 万元的注册资金怎么能承担起几千万甚至上亿元的资金体量？”

“可我不是在网上买的。”

“这些公司的产品并非只是在网络上销售。”对于老人在这项“前卫投资”上的无知，大文甚是理解。她很忿忿，愤恨那些只知圈钱没有一点同情心的无耻公司竟打上了老人们的主意。

“他们利用老年群体反应慢、对新事物缺乏了解、有一定养老积蓄、想获取较银行更高的收益这几大特性，而将触角从线上延展至线下。您想，若不是通过进超市入社区来宣传产品，您会从网上直接买吗？”

胖老人与瘦老人几乎同时摇头。

“所以，包装成与银行相类似的实体金融机构于这些网贷公司而言很重要，起码能在达成交易前与投资者建立信任关系。这样一来，线下销售便是线上销售的最有力延伸。”

“难怪，那家骗子公司里的客户大都是像我，我们，这样六七十岁的老年人。”胖老人边说边用手势比划着。“接待我的那个客户经理当时跟我说，这款产品购买后可以选择每月取息，就相当于给自己赚了份‘补充退休金’。也正因这句话，才让我最终决定购买。”

“这是他们惯用的营销策略——**亲民原则**。”紧接着，大文详细归纳出这一“原则”所包含的四大特点。“首先，与银行理财产品最低收益进行对比以彰显这类产品的回报优势。其次，在本金及收益支取灵活度，也就是流动性方面尽可能打消老年人的顾虑，设置了每月一取的‘补充退休金’领取模式。哪怕月收益平摊下来只有几百元，老人们也乐得心花怒放。第三，这也是营销过程中最关键的一点，就是口头承诺保本，他们通常会用‘公司成立至今这款产品从未发生过本金损失’这类话术来混淆老人对于保本概念的认知。第四，抓住老年人会过日子爱贪小便宜的心理，施予小恩小惠，且通常与考虑期相绑定，以在最短的时间内促成购买。于是，很多老人为了那些看似免费的赠品而变得慷慨无畏，继而迷迷糊糊上了‘贼船’。”

“那为何最开始，确实是保本的，收益也能按合同兑现？我觉得他们起初并不一定想骗。”

活了大半辈子从未上当受骗过的胖老人，无论如何也想不到自己竟是如此糊涂。他宁愿相信那家公司是因遭遇“资金黑洞”而迫不得已逃之夭夭，起码还能在心理上认定，一切并非自己“遇人不淑”犯的错。

“您就是遇人不淑。”大文随即脱口而出的话瞬即狠狠浇灭了胖老人刚刚燃起的侥幸之火。

“每个人的内心都住着一只沉睡的野兽，叫作欲望。每当我们面对金钱与收益的诱惑时，这只野兽就会蠢蠢欲动，但充其量只是有出来的念头。只有待诱惑的吸引力足够强大时，它才会践踏脚下叫作理智的基石，一跃而起。所以，这些公司为让野兽上钩，势必先给足‘肥肉诱饵’以击溃您的警惕。唯有先让投资者尝到收益甜头，才能吸引更多资金入瓮。倘若我的分析是正确的，那么可以肯定，您所投资的这家公司其根本初衷就是为了圈钱，而非发展。”

硕大的车身依旧蠕动在十字街。一些难以忍受等待的年轻人陆续选择下车步行，即便雾霾很重。于是公交的后门便一次又一次开了关关了开，但这一切根本搅扰不到胖老人的思绪。他显然在后悔，是那种深深的痛。

为让胖老人尽可能获得一丝心理上的平衡，大文在手机里搜出下面这段话，念给老人听。

“P2P 网贷公司作为互联网金融的新形态正在野蛮疯长，尤其是最近几年，非法集资手法花样翻新。公安机关在截至目前所发现的六类非法集资典型手法中，假冒 P2P 名义非法集资、以养老为旗号诱骗老人赫然在列。央行发布的《中国人民银行年报 2013》里就已明确警示过 P2P 网贷平台的风险。其中强调互联网金融企业的业务活动经常突破现有监管边界，进入法律上的灰色地带，甚至可能触及非法集资、非法经营等‘底线’。于是 P2P 平台在一番爆发式增长后接连出现跑路事件，并持续发酵。”

大文抬起头。“我还记得去年北京金博会上，一位老人，与您年龄差不多，被十几个卖 P2P 产品的业务员围得水泄不通。就像超市里的促销员，他们你一言我一语地自卖自夸。胁迫之下的老人最终只得假装犯病才得以脱身。这位老人很理智也很精明，但也毕竟是少数中的少数，更多人还是禁不住这番‘狂轰滥炸’的。从平均损失数额看，远不止 30 万元。”

“像我们这些退休老人，存点儿钱特别不容易。可省着省着存着存着，就这么一下子没了，连个响儿都没听见。”胖老人在说这话时，已然有些颤抖，于是瘦老人忙打岔。“是不是所有的 P2P 类理财产品都不能买？”

“如果单纯回答这个问题，我会告诉您不是。但针对老年人这一特定群体，还是不买为好。”

“哦？那站在学习的角度，我很想知道，什么样的 P2P 类理财产品是可以投资的？有什么特征吗？”不觉中，瘦老人已将胖老人的心绪拉了回来。

大文望了眼窗外。“现如今的网贷平台多得就像这条街上的车，一眼望不到头。几乎每个月全国都有上百家新公司成立。在这鱼龙混杂中想要选对平台首先需要清楚一个问题，就是正规的 P2P 网贷平台究竟具备哪些特征，然后再去小范围比较具体产品的收益。”

此时，坐在后排的母女也索性换到离大文最近的位置，空旷的车厢俨然成了流动的教室。

“在合计赚多少前，务必先看看 P2P 网贷公司的实力，这就好比我们去医院诊病首选三甲一样。详细说，评判一个 P2P 网贷平台是否可靠，**第一标准是考察该平台是否有 ICP 备案**。简单讲就是网络内容服务商的一种必备资质，有了这个资质才有权利向广大用户综合提供互联网信息业务和增值业务，如果没有就是非法。**其次是考察公司的注册资金**。一般情况下，包括注册资本、注册地址、法定代表等信息都须在网站内公开展示，且注册金额不应低于 500 万元，在此标准之上，越高意味着风险抵御能力越强。因为在多数 P2P 理财公司的安全保障措施中，注册资金都是‘风险准备金’的主要构成。可想而知，那些注册资本只有 50 万元、20 万元，甚至 10 万元的 P2P 理财产品您还敢买吗？除此之外，公司在全国营业部的规模也是个非常重要的指标。**第三个标准，是考察公司的成立年限**。一般成立年限越早，运营时间越长的公司就越值得信赖。毕竟 P2P 领域在 2010 年和 2011 年那两年间迎来了空前发展，公司数量呈几何级暴增，但随着 2013 年各网贷行业标准规范的出台及各大银行的纷纷涌入导致竞争加剧，而后的 2014 年 P2P 行业面临洗牌，可以说能历经市场大浪淘沙傲然存活下来的 P2P 公司定有其过人之处。再者说，大部分问题平台一般都撑不过半年，有的诈骗平台甚至只存活几个小时。所以能坚持一年的问题平台在所有问题平台中所占比例不超过十分之一。**第四是考察公司有无一套完善的风险管控技术**。譬如是否有抵押，是否有一套严格的信审流程，是否有一个成熟的风险控制团队，是否有还款风险金，是否每一笔债权都非常透明化，是否每个月都会在固定的时间给客户邮寄账单和债权列表等，这些问题都要在购买前打探清楚。**第五，考察P2P网贷平台的利率情况**。这也是检验公司是否可靠的又一重要指标。通常平台所发布的利率应该在6%至13%之间，如果收益率超过20%甚至更多，一来意味着借款人所承担的贷款利率有可能不合规，二来也意味着平台本身存在'猫腻'，譬如有贴息、拆标、卷款等行为，但不排除新公司在成立伊始为吸引出资人而故意推出超高年利率的产品。**第六，考察P2P公司的资金管理方式**。从之前出现的P2P平台跑路与卷款事件看，大都是因为公司可直接接触用户资金。这样来看，P2P公司的资金是否通过第三方支付平台进行监管，以将平台与用户资金隔离就显得非常重要了，可大大降低因公司跑路或资金挪用而产生的风险。**第七，考察网贷平台是否有担保，又以哪种形式担保**。从目前看，这类公司的担保方式不外乎两种，一种是利用'风险保证金'的形式，另一种是公司担保的形式。应该说，选择那些有担保或保障金的平台可进一步提升资金安全系数。**第八，逐字逐句吃透产品合同**。若按以上七个标准对网贷平台进行逐一筛查后决定认购某一产品时，务必要将合同中的所列项逐条读懂。即使只有一条含糊也不轻易签单，这是对本金负责的最底线。"

"说白了，对于利率过高的产品就得打个问号。"刚刚调换位置的中年母亲首先抢话，比起老人们，她显得精明很多。"这也就是为什么P2P类理财产品不会锁定中青年的原因之一。从说服的时间成本考虑，同样一个上午用相同的话术，老年人给销售员所带来的业绩提成要更高。而且，老年人注重‘口口相传’，故锁定一位老人便意味着得到了一批待开发的潜在客户。”

大文接过中年母亲的话题，继续道。“高收益背后就是高风险，这在 P2P 类产品中表现得尤其明显。往深了讲，这种投资模式最早起源于英国，之后在美国发展壮大。但在被中国复制模仿后，又加入了很多‘中国元素’，这也是为适应本土环境而做出的改变。其中非常关键的一步就是我刚才提到的——拆标。”大文加重语气，“这正是导致很多公司跑路的最重要的原因。”

听到“跑路”、“重要原因”，胖老人的身体立即前倾，想要听得更真。

“首先说说拆标的对象——‘标’。一句话概括，就是已经被审核通过的借款人的借款需要。我们都知道，一笔借款除了利率外，另一个最重要的就是借款时间与借款金额。举个例子，您需要融资 10 万元，期限为半年。”大文指向中年母亲。“那么就需要对应一个同样投资 10 万元，期限为半年的人。但在 P2P 平台融资的人大都是为了做生意，所需金额不止 10 万元，通常会更多，且融资周期也会更长。可投资 P2P 平台的人，却多是像咱们这样的个人投资者，钱很少，又不愿意投资较长的项目。这时，问题就扔给了 P2P 网贷平台。他们处理的最简单方式便是‘拆了再组’，也就是拆标。比如，融资者需要 120 万元资金，用期两年。于是为满足融资者的需求，P2P 平台就开始了一番暗箱操作。他们会找来甲乙丙三位投资者，分别是投资期限为半年、金额为 40 万元的甲，投资期限为 1 年、金额为 40 万元的乙，投资期限为 2 年、金额为 40 万元的丙。但当甲的投资到期之后，网贷平台就必须如期偿还并兑付给甲本息。那么也就必须找到一个新的投资者来接替甲，如果一时找不到，P2P 平台就必须用自己的资金先返还给投资者甲。在这一拆标过程中，事实上不可避免地出现了期限与金额的错配。我所举的还只是少量拆标的例子，试想有的网贷平台将一个标拆成 10 份，然后滚动放标 12 次。意味着在此拆与放的途中，只要有一次找不到足够的投资者，P2P 平台就会面临极大的风险。如果当时 P2P 平台的资金不足，就会发生违约，也就是通常所说的资金链断裂。”

“这无异于把个人消费贷款变成了企业融资啊。”中年母亲的女儿是金融系科班出身的大二学生，理解起大文的话自然更加顺畅。“拆标也是中国 P2P 的特色，虽然给中小投资者带来了新的投资渠道，但也产生了巨大的风险。换作是我，绝对不会买。”

听大家如此一说，胖老人内心的懊悔感倍增。他很讶异，在这小小的理财产品背后，竟蕴含着这么多闻所未闻过的东西，烦琐而复杂。

“这样看来，一些 P2P 公司和非法集资没什么区别。”瘦老人显然已对 P2P 这种理财模式全盘否定。

“P2P 网贷平台公司是否涉及非法集资，是决定是否启动监管程序的重要标准。最近这两年，全国范围内倒闭或跑路的网贷平台多达数百家。若按最高法和最高检对于非法集资犯罪追诉标准的要求，网贷平台应当限制借款人的金额和每笔借款的投资者人数。详细说，就是单一自然人借款的金额应当限制在 20 万元以下，投标该借款的投资者人数上限为 30 人；单一单位借款人的金额应当限制在 100 万元以下，投标该借款的投资者人数限制为不超过 150 人。事实上，对于想尝试 P2P 这种新型投资模式的年轻人来说，银行系 P2P 平台相对来说让资金更有保障。虽说产品收益率大幅低于其他 P2P 平台，但与其他银行理财产品的收益相比还是略有优势，而且安全系数相对更高。可是……”

大文话至一半，又被瘦老人打断。“银行 P2P 平台的资金完全由银行进行监控吗？”

“这正是我接下来要说的。据我所知，目前已有的几个银行系 P2P 中，只有少部分是真正由银行进行线下风控的，其余都是由其他相关公司平台在实际操作。或者可以理解为，仅仅是挂着银行名头的 P2P 平台，但即便如此，至少也比那些成立时间较短，到处散发传单的网贷平台靠谱。”

“怎么才能知道哪些银行 P2P 平台是真正由银行亲自风控的呢？”中年母亲的女儿孜孜以求。

“很简单，直接查询银行官网，一般情况下其官网会注明所有投资项目均由银行来实行内部审核。如果还是不放心，可以直接咨询银行，问问清楚。”

“我们老年人就不可以买吗？”老骥伏枥的瘦老人显然心有不甘。他与哀怨怅惘的胖老人不同，怀揣着一颗不服老的心。不论跋山涉水，还是投资理财。

“真不建议您去买，尽管您看上去依然精神矍铄。就像蹦极这项运动，即便您觉得可以挑战，工作人员也不会让您去跳的。因为它是年轻人的专属。同样，再稳健的 P2P 产品也是含有一定风险的，更何况依您目前所处的年龄阶段，追求的并非是最大限度的盈利，而是一份稳定与踏实。儿孙自有儿孙福，您没必要冒着风险去多博几个点的利润，且又跟着担惊受怕的，何苦呢？”

畅聊的时间里，窗外的纷乱拥堵已被井然有序取代。清澈如水的语音报站声伴着发动机低沉的轰鸣不知何时又一次响起。中年母亲和她的女儿先行下了车，临别时，还和胖老人说了句，“别太纠结自己，至少您还有个孝顺的儿子。”

“是啊，我有个孝顺的儿子。”母女下车后很久，胖老人依旧在叨咕着这句话。

“所以，您千万别让高收益毁了晚年幸福。至于已经发生的损失，您不妨咨询下律师，也许还有追讨的可能。即使没有，也要把目光往前看，哪怕为了儿子、孙子和老伴儿。”大文除了劝慰不知还能帮上什么，也许这意外邂逅下的攀谈，于胖老人来说是让自己“亏个明白”，但于瘦老人而言，绝对是次及时的警醒。

直到老人们下车，他们仍不知道大文的身份，可对大文说的每句话却都牢记在心。

公交驶出第三医院站台时，大文看见胖老人在用手帕擦拭眼角，身后便是医院那土灰色的门诊楼和那灰蒙蒙的天。

一瞬间，她的心也跟着碎了。

【财人新计】

娇艳的玫瑰确实诱人，但你在摘下它的同时必须忍受刺痛之苦。投资同样如此，任何一款高收益产品的背后都暗藏着如玫瑰般锋芒的利刺，你必须在认可收益的同时接受风险，否则还是不要随意“采摘”，以免赔了本金又伤身。

这便是投资中的“**玫瑰理论**”。

现实生活中，人们往往曲解了理财的意义，认为理财的目标就是追求尽可能高的利润，否则还理个什么？可您是否曾静下心来想过，对于那些整天与钱打交道的金融机构来说，从产品研发到推向市场，再到多渠道营销，哪一环节不需要从利润中分成？于是实际设定收益较对外宣传的收益还要涨出一部分“隐形收益”。故为获取目标收益，资金投向标的中自然要增加风险市场，且收益越高，投资风险市场的资金比重就越大。

那么，高收益下的风险由谁最终承担呢？金融机构吗？当然不是。这些精打细算的行家里手怎可能做赔本买卖。那难道是投资者吗？尽管您不愿接受，但现实就是这样：凡在产品合同中未予以注明“承诺保本”的，全都由购买者“风险自担”。银行高收益产品如此，P2P 网贷平台产品更是如此。而且收益越高，购买者所背负的风险就越大。

明白了上述理财产品市场的“运作规则”后，也就不难理解为什么 P2P 网贷市场掺入了如此多的骗子公司。他们口头打着“保本”的旗号为民理财，实则根本担负不起背后的巨大风险，又何谈收益兑现甚至本金保障呢？所以，在面对高收益的第一时间，投资者有必要先打个问号，尤其对于那些自己并不熟悉的理财产品，就更要三思而后行了。以 P2P 类理财为例，投资者最起码要事先考察这家公司的营业执照、税务登记证、组织机构代码证等基本证照。如果连这些最基本的核实了解都没有，仅凭销售人员的单方面介绍就决定投资，无异于将账户密码告知陌生人，风险全不由己。更可怕的是，一些会过日子的中老年人只为多博取几个点的预期收益而搭上保命钱、养老钱，甚至借债投资，想来都为他们深深捏了把汗。难道这些“冒险者”就从未掂量过：100 万元的本金究竟是多理出 20 万元所萌生出的喜悦大，还是突然亏掉 20 万元甚至血本无归所滋长出的忧伤多呢？这就是投资玫瑰，在决定“摘下”前，必先要全盘认清它、接受它。

以租养老值不值

李元恩七十岁生日这天，两个儿子，两个儿媳，一个孙女都悉数到场。

在他尚有记忆的岁月里，算上这次，总共办过七回寿宴，每十年一次。从前是父母给过，后来是妻子给过，再后来是儿子给过，而今是两个家庭给过。

“下一个生日不知是否还有记忆，也许我已经不认得你们了。”李元恩在说这话时，大儿子力鑫眼中拂过一丝忧伤。尽管他已经接受父亲患老年痴呆症的事实，并不遗余力地四处求医，可当听到这句话时鼻子还是忍不住泛酸。

李元恩微笑地望着一桌人，顺时针依次叫着每个人的名字。仿佛要将这些面孔镌刻在大脑里，永不忘记。但他清楚，仅存的记忆迟早有天会蒸发在时间里。所以趁病情尚未进入恶化期，他要抓紧实施自己的计划。

二儿子力勇若有所思，可谓身在饭桌心在“房”。尤其五分钟前媳妇的眼神暗示，更让他不知所措。

力勇是个妻管严，凡事都听媳妇指使。想当年，哥哥力鑫结婚早，嫂子又是外地人，家里唯一的闲置房自然就给了力鑫做婚房。可几年后再轮到自己娶妻时，父亲却只给了四万元现金，毕竟病重的母亲在那个节骨眼儿正需要钱。媳妇还算仗义，撺掇岳父出钱买房，才把这婚事办了。说得难听点，力勇是个“倒插门”，在家毫无话语权。加之媳妇收入高家境好，他便更觉自己卑微得抬不起头。比起哥哥，力勇确实没从这个家得到过什么，更没为自己争取过什么。如今，媳妇怀了男孩，还是双胞胎，腰杆自然更硬，于是便想趁着公公还没糊涂，让力勇把老人现在的房子争下来，哪怕她全权负责养老送终。总之不能再让这唯一的财产沦落他人，即使均分也不行。

但，力勇不论如何也无法在这样的场合开诚布公地聊及遗产分割问题。假使说了，无异于刺激父亲的病情加速恶化。所以他只能佯装肚痛，一次次往厕所跑，只为躲避媳妇压迫般的眼神。

“是不是菜不和肠胃？老二没事吧？”李元恩看出了力勇的不对劲，尤其二儿媳皮笑肉不笑的神情。“去，看看你弟弟，你弟妹身子不方便。”他用胳膊肘推了下身旁的力鑫。

“爸，不用，他能有什么事儿啊。”力勇媳妇尖细的声音如刀刃划过玻璃，不知是笑还是怒。

转瞬，饭桌上除了不懂事的孙女，就只剩下老爷子和两个妯娌。

如果现在不说，日后恐难找到这样的机会。况且患有阿尔茨海默症的老人，认知和记忆功能都在不断恶化，没准哪天突然间失语或失认，一切真就来不及了。

想至此，力勇媳妇突然开口道，“爸，和您商量个事。”

洗手间门口，力勇刚刚点燃一支烟，便见力鑫招手走来。

“肚子不舒服？还是？”

终归是一奶同胞，力鑫早就发现弟弟和弟妹饭桌上的眼神交流。

力勇只是叹了口气，给力鑫递了支烟。

“怎么？你们吵架了？”

力鑫边问边狠嘬着过滤嘴，好似很久没嗅过烟香。

面对哥哥的关心，力勇当然不能实话实说，于是自然地转到了父亲的身体上。

“想多了，我只是真的无法接受老爷子有天会傻掉，每次触碰到他眼神时，心都像针扎。母亲走得早，你我又都各忙各的工作与家庭。剩下他孤零零一个人，每天除了瞎想就是沉浸在悲伤的回忆里。大夫说，这对他的病情没有好处。”力勇弹了下烟灰，无奈地吐着烟圈。嘴上说着父亲，眼前浮现的却是妻子命令式的神态。

“这也正是我所担心的。其实，几周前我就想去单位找你，商量老爷子的事。”力鑫顿了几秒。“上次去医院复查，胡医生找我聊了很久。他说以咱爸现在的情况，不出五年就会丧失自理能力，意味着他会像孩子一样，需要别人无时无刻的照料。所以，咱得提前有个准备和安排，免得到时抓瞎。”

“你打算怎么安排？”

“我想给咱爸请个保姆。一来让老爷子提前适应被陌生人照顾的感觉，二来也好有个人替咱们实时监控他的病情发展。我咨询了几家家政公司，一个月的费用大概在4000元至5000元，如果以后涉及24小时全护的话，费用会相应增加。”力鑫稍稍迟疑了下。“你看这样好不好，咱两家每月各出一半，大概也就2000多块钱，先把保姆给爸请了。”

听力鑫如此分配，力勇骤然心生不快。媳妇再过几个月就要生产，家里正需要用钱。更何况，俩儿子出生后开销都是双份的，以他目前的经济状况，能实现收支相抵就算谢天谢地。而力鑫两口子一个公务员一个事业单位，收入稳定逐年加薪不说，当年父亲给的婚房如今也价值百万。按常理，他完全应该多掏。

“如果你手头暂时不宽裕，我先给你垫上。”

“我不是这个意思。”

力勇一时不知该如何表明自己的真实想法，能既不损害兄弟间的关系，又捍卫了自家利益。也许媳妇说得对，他就是个窝囊废，总担心得罪别人，到头来却苦了自己。尤其在你存我亡的当今社会，他这种“老好人”注定就是吃亏的命。

“你有什么为难的，直说。”

“我只是觉得让一个不沾亲带顾的陌生人照料老爷子，多少有些不放心。现在电视里不是经常曝光保姆虐待老人的事件吗？万一让咱赶上了，还不如不请。”

“可总不能轮流请假。”力鑫掐灭烟蒂。“或者，选一家设施优越的正规老年公寓，估计费用还是一家 2000 元，跟请个保姆差不多，这样一来咱的顾虑也就解除了。”

说了一圈，又绕到费用平摊上。力勇再一次陷入沉思，但几口烟的功夫，他找到了一个更折中的方案。

“老年公寓说到底为的是盈利，根本不会像家人那样无微不至。要我说，干脆把老爷子接到我那儿，你弟妹下个月就歇了，估计生完孩子也不会马上工作。”

力勇话说一半，就被力鑫接连的疑问拦了过去。“接到你家？你那独单？怎么住？弟妹坐月子公公挤旁边？合适吗？”

“实在不行。我们两口子搬到老爷子的偏单。”力勇在说这话时，心竟“做贼心虚”地跟着狂跳开来。因为力鑫一旦同意，他就可假借照顾的幌子长久住在父亲的房子里，为继承房产作铺垫。再说，自己出了力，力鑫不可能不出钱。于是他瞬间佩服起自己，能绕来绕去绕到如此两全其美的点子上。

只可惜，力鑫听了不置可否。“容我再想想。”此时，手机屏幕倏忽间亮起。

短信是力鑫妻子发来的。“你们跑哪去了？赶快回来！力勇媳妇和咱爸闹得不太愉快。”

刹那间，力勇突然意识到什么，三步并两步朝单间方向奔去。

屋子里的每一寸空气都充溢着尴尬。

见两个儿子进来，李元恩方才打破沉寂。

“人老了注定遭嫌弃，何况又有病，这命就更不值钱了。既然今天人都在，我必须声明一件事。”李元恩的右手微颤着。而此刻，力勇的心也以同样的频率抖动着。所有人都屏息凝神，注视着李元恩。

“在我没死以前，房子继承的事谁都不要再提半句，想说的时候我自然会说。不需要猫哭耗子假慈悲式的所谓‘尽孝’。”说罢，李元恩披上夹克，头也不回地往外走。力鑫紧追过去，妻子抱起女儿亦慌张地跟随其后。

顷刻间，偌大的桌前只剩下力勇两口子。

七根被吹灭的蜡烛斜靠在奶油上，静听着接下来的对话。

“你都说了？”力勇凑到媳妇旁边，一脸怯然。

“我只是说，想把老爷子接到咱家养老，但他嫌房子小。也的确，满打满算才 60 平方米，住着确实不方便。那既然如此，我又提议咱俩搬过去和他一起生活，好有个照顾。这话没错吧？可你猜怎么着？老爷子愣是急了，说自己还没病到二十四小时离不开人。”

“那后来怎么扯到了房子？老爷子气成那样。”

“是我直说的。你又不是不知道我这脾气，想办的事是必须要办成的。如果都像你这样，咱家就等着吃亏吧。再说，力鑫已经得到过一套房子，于情于理老爷子现在住的房子都应该归你，李力勇来继承。哪怕看在两个孙子的份儿上，也不应该给力鑫。”

“你是想，咱们借着照顾老爷子先搬进那房子，待百年之后房主自然而然就是……”

“猪脑子终于开窍了。”

力勇没想到，这一次竟与媳妇的点子不谋而合。尽管他并不想因为房子伤及亲情，但事已至此，也别无选择。只能顺应着事态发展往下走。更何况，在力勇内心深处，总觉得父亲从小到大都在偏袒力鑫，自己得到的只是三分之一的爱。从某种程度上讲，他针对的并非父亲，而是力鑫。

烈日下的火车站，行色匆匆的人们满面焦躁。

李元恩提着二十多年前的尼龙旅行袋，穿行在人群中，笃定的眼神流露着一丝难以名状的不舍。这毕竟是他生活了大半辈子的故土，并非用眷恋二字就可概括此刻的心情。但，他必须离开这里，立刻，马上。

就在来火车站之前，李元恩特地找了趟胡医生，再次确认自己的病情。

“老年痴呆是一种进行性加重、退化性脑病，目前尚未找到治愈的有效药物及方法。主要是早期的诊断治疗效果比较明显，但具体还要看患者的体质及对药物的敏感性。所以建议您长期用药控制治疗，配合良好的家庭护理，延缓和控制病情的发展。”

也正因胡医生的推心置腹，才更加坚定李元恩远走他乡的意念。因为他实在不想给孩子们添麻烦，不论精力还是金钱。何况，人终有一死，与其让孩子们把钱砸在一个生命步入倒计时的老人身上，还不如让他们给儿孙多积攒些财富。

正午的阳光灼热刺目，蒸烤着车站前广场的每一寸土地。

从公交站牌到售票大厅的路不算远，却晒得李元恩头昏脑涨衣衫尽湿。于是不得不找了棵树倚靠歇脚。体力确实每况愈下，一年一个样。李元恩这样想着，竟涌起些微庆幸感。毕竟现在的自己还有逃离的能力，再往后恐就力不从心了。

和许多患有阿尔茨海默病的老人一样，李元恩最怕的就是长久失忆。所以在尚能回忆的日子里，他的思绪总会不自然地停留在过去的某一年或某个人。譬如此刻，他又在闭着眼睛回想力鑫力勇儿时的趣事，带着慈爱的神情。是的，那神情唯有在想到儿子时才会浮现。

记忆如漩涡，吸引着李元恩朝涡心陷去，而那些凌乱的生活片段也渐渐没有了次序。

睁开眼，一切突然变得陌生起来。他努力环顾四周，竟不知自己在哪儿，为什么会在这。李元恩开始莫名恐惧起来，像个走失的孩子，怯生生。

“老人血糖偏低，再加上中暑，身子骨肯定撑不住。你们如果还有事就先忙，等老人清醒过来我负责联系他的家人。”

这是李元恩再次睁开眼睛后，听到的第一句话。依然不知身处何地的他，醒来后，还是朝面前的三个陌生人善意地浅笑了下。

“您终于醒了。”最左边的人首先开口，一脸关切。“我是车站医务室的小孙，半小时前您在前广场晕倒了，是好心人拨打了120。”小孙说着，指了指身旁的两个人。“幸好没有大碍，您暂时先在医务室休息下。”

我？晕倒了？前广场？李元恩好似在听着别人的故事。

但没多久，借由这些关键词，他的记忆渐次从无到有。

“大伯，您有家人的联系方式吗？让他们过来接您。”

李元恩慢慢起身。似乎随着大脑水平线的提升，记忆也被断续注入。忽然，他好像意识到什么。“谢谢你们，我得走了。”顷刻间，如坐针毡的李元恩几乎从床榻上跳下来，吓得小孙赶忙搀扶。

此后几分钟的僵持里，三个热心人苦口婆心你一言我一语地执意阻拦，好似说服的是自己的父亲。

不觉间，长满老茧的手松开了行李，冰封的心也有了些动容。

“叶落是要归根的，何况人呢？既然终将离开，那我情愿默默地走，不给任何人带来麻烦。坦白说，我这老年痴呆过不了几年就不能自理了，得完全指着孩子，可他们都自顾不暇，我这做父亲的不但帮不上忙反而添乱。”此刻，失控的意识渐趋回复，忧伤再度涌来。

面对眼前的老人，在场三人一时不知如何是好。

“您这么一走了之，难道就是在减轻孩子的压力吗？大错特错。”最先开口的是高个子女人。“他们接下来会为了找寻您的下落，吃不香睡不着工作不好，生活完全被打乱。这一切，您都考虑过吗？逃避不是解决问题的方法，很多事情往往越逃避处理起来就越麻烦。”

“姑娘，这些道理我懂。但你不知道，我这病根本治不好，越往后就越拖累他们。花了钱投入了精力，最后还是得走，与其如此，”李元恩垂下头，“长痛不如短痛，难受一时总比让孩子们伤财又损力强。”

于是三个人都沉默了。她们或许陷入对生命的思考，或许刹那间想到了自己的亲人，抑或不知该用怎样的语言劝慰。

总之，选择离家出走必定有其承受不了或无法应对的问题。与其瞎猜倒不如直白些，既然帮人就一帮到底。高个子女人这样想着，再一次打破沉寂。

“恕我直言，您的心结归根到底是‘钱’字。看病治病需要钱，日后护理需要钱，居家养老需要钱，源源不断，无休无止。所以您担心的关键是拖累孩子经济。”

这话不禁戳中李元恩的心。的确，现实何尝不是如此呢？可怜的退休金不够治病，更谈不上养老。两个儿子有限的工资扣除抚养孩子应付柴米油盐等开销所剩寥寥，总不能再挤出资金治疗这根本治愈不了的病。李元恩的眼神黯淡下来。

“您有房子吗？”

高个子女人横插直入的话，让李元恩不由惆怅起来。

“是啊，房子。还不够儿媳妇惦记呢。估计她巴不得我早点儿死，好把房子弄到手。也是，人老了，意味着得给后辈们腾地儿了。”

“为什么不考虑**以租养老**呢？与其自暴自弃，不如想办法。”

以租养老？李元恩从没考虑过这个问题。在他旧有的观念里，总觉得自古以来当养儿防老。“难道把房子租出去，用得来的钱作为养老补充？”

“差不多。将老房子出租，到养老机构养老，然后用租金支付每月的养老费用，房屋产权仍归属自己。”高个子女人一副很专业的样子，李元恩洗耳恭听。“很多中国人在谈到养老问题时，都会很自然地聊到养儿防老。确实，百善孝为先。作为子女，报答父母的养育之恩是天经地义。但站在新时代审视‘老黄历’，是否还能将其当作唯一的养老方式？显然不行。对绝大多数独生子女来说，小两口至少需要抚养一个孩子、赡养四位老人。若放在二十世纪六七十年代，或许还能应付。但如今时代不同了，教育医疗养老的成本逐年升高，普通工薪家庭如同扛着三座大山。假使老一辈人还抱着养儿防老的旧观念，那么子女将不堪重负。所以，每个人都要与时俱进，不能只把养老的希望寄托在孩子身上。何况，随着社保体系的日益完善，通过房屋租金、退休金及自身积蓄也完全可以使老来生活无忧。”

“以租养老。”李元恩仍在念叨着。“我那偏单 70 来平方米，如果租出去，每月大概也有 3000 元，支付养老院的费用应该不是问题。”

“除了以租养老外，还有一种叫作以房养老。也就是我们新闻里常说的‘住房反向抵押贷款’或‘**倒按揭**’。简单讲，就是将自己的产权房抵押出去，由第三方评估机构对房产进行定价，以定期取得一定数额养老金或接受老年公寓服务的一种养老方式，待老人身故后，银行或保险公司再按约定收回住房使用权，剩余未返还的保险金一次性全部返还给受益人。”

“相当于把房给了银行？这可使不得。”李元恩无法接受这种新兴的养老模式，毕竟自己还有子嗣，不像那些无儿无女的老人。再者说，即使自己同意把房反向抵押给银行，儿子们也肯定不同意，家庭内部纠纷必然由此掀起。

“想想也挺悲催的。”一直在旁聆听的小孙不由伤感起来。“我今年刚结婚，房子是贷款买的，期限是30年。也就是说，从现在起到我退休，始终在为银行‘打工’偿还住房按揭贷款。而退休回家后的30年，如果再把房子反抵押给银行，相当于死后一无所有，什么也没留下，只是为银行打了一辈子工。”

“如果单纯给银行打工也就罢了。中国的房子涉及70年土地使用权限的问题，意味着一旦产权到期，金融机构将无法继续给老人按期支付养老金，说白了，人没死房却没了。与此同时，还有种可能存在的情况是，人没死但钱花光了。或者再退一步，未来房价如果跌了，亏损部分由谁承担也是未知。”矮一些的女人思考得似乎更深，以至于李元恩竖起了大拇指。

“所以现实生活中，选择以房养老的老年人寥寥无几，毕竟需要面对个体寿命长短、家庭关系变化，以及房屋价值波动和政策所规定的住宅用地使用权期限等多重风险。相较之下，以租养老的办法则显得更折中些。”高个子女人依旧用专业的口吻解读着。

“我有个客户，在他十年前 40 岁时就有了以租养老的意识，当然，以彼时的年龄充其量算是‘以租开源’。

“把房出租，他住哪儿呢？”小孙不解。

“他当时花了 30 万元买了套 90 平方米的房子，地点距离市中心商业街不远。简单装修后，他将房子分成大小两间出租给商业街的生意人，一家三口和老人住在一起图个相互照应。这样一来每年租金就进账 3 万元，平均到每个月里也有 2000 多块，要知道他当时的工资收入也不过如此。换句话说，相当于每月拿的都是双薪。这还不算完，后来他又攒了一定积蓄，贷款买了第二套房，而月供完全用首套房子的租金偿还。再后来，他又将第二套房产出租，年租金 4 万元。无形中，便拥有了两套房子待增值，同时又赚了租金，且随着市场供需行情的变化，房租价格每年都在小幅上涨。说明什么？只要盘活租金，养老并不是难题。”

“就是，最近这些年，房租价格一直都在涨。”小孙拿她住的小区举例，“我家那小区 1990 年建的，以前租金每月才几百元，可现在划为学区片后 5000 元都租不上，一套闲置房都没有。我现在是没其他地方住，不然早租出去了，比我一个月工资都多。”

“我有个朋友在欧洲留学，据他讲，很多留学生都习惯租住在老外家里，而很多老外也是通过房租来补贴生活费。而在中国，往往很多人嘴上抱怨退休金少得可怜，却不肯把自己放进养老院，用房屋出租的钱来贴补老年生活。在我们扬州那小城市，每月 3000 元房租再加上 3000 元左右的退休金，完全可以生活得不错，不论是住老年公寓，还是和儿女住在一起。”

三个女人一台戏，说得李元恩动了心。

“而且，好像目前个别城市还推出了‘**持有型养老社区**’，或许以后能在更多城市推广。”高个子女人的话，令其他几人大感兴趣。

“持有型养老社区？怎么持有，又怎么养老？”

“笼统说，已经退休的老人可以根据自己的需求年限，选择长短期租住，社区每月服务费将视老人选择的服务菜单不同而分门别类，类似会员制。事实上，这种养老方式在目前的中国尚没有普及，可随着老龄化时代的到来，当我们这代年轻人退休时，或许将是全社会养老的主流。”

“那么，房屋产权归谁所有呢？”矮一些的女人显然兴趣甚浓。

“开发商长期持有产权，因为这毕竟不是房屋买卖。但是，租住权益可继承亦可转让。从现有的这类养老社区所提供的基础服务看，包含有交通服务、物业服务、智能安全服务、健康管理、营养膳食等。退休的老人可以享受一日三餐、每日清洁、班车、健康监测、协助药物拿取、智慧讲堂及丰富多彩的文体联谊活动。此外，还可以根据需要增加个性化服务，譬如送餐、医疗专家预约、每年免费举办家庭聚会、每年免费周边旅游、陪读陪聊等。可以说，完全排除了那些对养老院存在偏见的老年人的顾虑。其实仔细想想，衰老，是无法抗拒的，病痛，更是猝不及防的。这些问题往往会影响一个人的情绪，但情绪却不能解决任何问题。出走也好，轻生也罢，都是逃避问题的无意义表现。”

李元恩始终在听，思路也渐渐变得豁然开朗。

生死之间，人带不走一粒沙，更何况是房子。所以纠结于谁最终继承房产这件事本就毫无价值，即使自己立了遗嘱又能证明什么呢？与其如此，不如把房子出租，去养老院，至少在健康滑坡的路上有专人护理，不必看儿媳脸色。这，确是自己唯一的出路。李元恩那颗出走的心在此刻已然动摇。

“看上去，以租养老是最值的，儿女也不会反对。终究只是用租金养老，产权并未发生转移，兼顾满足老人希望给后代留些遗产的愿望，同时也能提高自身晚年生活品质。”小孙一时间想到了自己的父母。“像我爸妈，在老家有套三室一厅，退休金两个人加起来不到5000元。照此思路，不如把其中两间租出去，提高现有生活质量。”

“你是说‘合租’？”高个子女人把话题接了过去。“我觉得这是下策，毕竟社会复杂，你不能保证合租人的人品。万一租给一些来路不明的流动人口，到头来租金没赚到，反而生出其他麻烦。要我说，可以视个人能力将现有大房子换成两套独单住宅或公寓，一套用来居住，一套赚租金，也就是我们常说的以一换二**‘倒房养老’**。但是，这种养老方式更适合身体健康的退休族，否则还是把现房出租住养老院更划算。”

“那如果父母目前住的房子地点较偏。一来出租难度大，二来租金也不高该怎么办呢？”矮一些的女人话音刚落，就得到小孙的认同。“是啊，我身边这样的长辈还不少。”

“那要看具体情况，不能一概而论。”高个子女人一面思考一面说。“在确实想以租养老的前提下，如果房子地点较偏但面积够大，不妨换成市中心或学区片的小户型，简单装修后出租，租金能提高不少。还有一种情况，是居住的房子不仅地点偏且面积也不大，倘若卖出后再买市中心的小户型还需要添钱，那么不建议选择以租养老的方式，倒不如将现有存款买成保本理财产品，年化收益率差不多有4%至5%，这部分利息所得同样可以贴补养老金。”

李元恩的定存账户里目前还趴着不到10万，这次出来，他本想用这些钱作为日后生计金，并给力鑫和力勇留了封信。可是，在离家不到四个小时的时间，他彻底改变了主意。因为年轻人的这些思路确实让他明白，养老靠儿女不如靠自己来得实际，且60岁开外的人更要学会钱生钱，以租养老便是生钱的开始。而账户里的10万元，通过合理理财，一样能滚出“养老金”。

“假如把房子卖了，将所有的钱都用来购买理财产品的话，收益不是更高吗？”小孙几乎成了“问题孙”，但她的这些疑惑的确也很具代表性。“比如，房子卖了100万元，再加上现有存款20万元，买个年化收益率为5%的保本理财产品，算下来一年的收益就有6万元，平摊至每个月甚至比租金还多，岂不是更好？”

高个子女人笑了笑。“还是刚才那句话，视具体情况而定。打个比方，甲乙两位老人。甲所居住的房子位于交通便利的城市中心区域，但房龄偏老，较之总房款性价比不是很高，故愿意接手的买家并不多。相比之下，乙所居住的房子是2005年后建的新楼盘，只是地点稍远，但房屋单价却为绝大多数人所承受。在其他条件相同的情况下，你们觉得谁更适合把房子卖了用理财的钱养老？”

“肯定是乙。”“应该是乙。”小孙和矮一些的女人几乎异口同声。

“因为地点稍远的房子在租房市场上的价格并不占优势，且以中短期租用者居多。增加不了多少养老金不说，还非常麻烦。而城市中心区域的老房子对于租房者而言绝对称得上是一房难求，租金价格始终居高不下，房屋单价也是蹿升式上涨。这样一来，真正买得起的人便越来越少。”小孙条条是道的分析，完全说出了高个子女人接下来要说的。

“而且，具备地理优势的老房子最好不要轻易脱手。不都说买房买的是地段吗？好地段的房子因为稀缺，地皮价格始终都在稳中有升。像北京二环的老房子，无论什么时候打探价格都永远比之前高，甚至一个月一小涨，一两年一大涨。更何况如果真赶上老房拆迁规划，开发商或政府给的钱就更多。所以，没必要为了养老而卖房。再者说，我记得看过一篇分析文章，说从国际经验看，判断房价长期走势的因素有两个，首先是城镇化进程达到 70% 以前，住房投资的平均速度还会保持较快增长，目前中国的城镇化进程仅为 50%。其次是每户拥有的住房数量，一般来说，城镇人口每户平均达到 1.1 套之前住房投资仍可保持较快增长，而目前推算在 1 左右。所以从中长期看，中国的房地产发展空间依然存在。”矮一些的女人说得同样中肯，甚至不惜“举证”。

此时，李元恩的目光停滞在窗外一列缓缓发动的高铁上，那里面，好似载着曾经的自己。于是他望着“他”渐渐远去，直至化作远方的一个点。

站在生活的拐角，一切终会在自己转身的刹那豁然开朗。就算年轻时没来得及给自己一个完备的养老规划，但至少还有房子，还能以租养老。就算曾经的自己并没有关照好身体，但至少患的不是癌，还能药物缓解。就算儿媳一直惦记着那套老房子，但至少她也愿尽孝心，还给他生了对孙子。当一切换个角度再看时，李元恩惊觉自己连喘息都变得顺畅了。

“谢谢你们，如果没有晕倒，没有遇见你们，没有这些推心置腹的建议，我这把老骨头可能得早死好多年。”李元恩望着高个子女人，如同望着自己的女儿，让他备感温暖。

“您别这么说，更没必要想不开。生活多数时候还是美好的，因为所有困难都能在冷静下来那一刻找到应对方法。”

李元恩被送回家时，力勇正焦急等待力鑫的电话。

在见到父亲的瞬间，他不禁失声痛哭，夹杂着失而复得的惊喜。尽管只短短几个小时，但对力勇来说，如同过了整个人生。世界上最珍贵的东西往往都是免费的，只是多数人在拥有的时候没能看穿，甚至不懂得珍惜爱护。

力勇紧抱着父亲，就像当年父亲紧抱着他一样。很久。

“我会尽全力爱您的，不再让您受半点委屈，因为父亲只有一个。”

不觉间，李元恩的衣衫被儿子悔恨的泪晕染开来。

一场算不上风波的风波，就这样悄然改变了父子的人生态度。

晚间，力勇亲自下厨为父亲认真烹饪了满桌菜肴。而李元恩也畅谈起自己想要以租养老的心里话。和着客厅柔和的灯光，俨然一幅温情的画。对于父亲缜密的规划，力勇莫名诧异，却从心底予以支持。而他不知道的是，李元恩思路的转变事实上得益于下午的邂逅，那场与理财高手的邂逅。

【财人新计】

老有所养，老有所依，老有所乐，老有所为。

这既是每位银发族的追求，又是所有年轻人未来不可避免的话题。但说到底，还是本经济账。

在对55岁至75岁退休人群发起的一项关于“退休后您每月究竟要花多少钱”的小范围调查显示，八成人在不生病、不出意外、不贴补儿女生活费的前提下，每月单人花销基本上在2000元左右。而这，还不是北上广深的一线城市标准，也算不上多么优质的晚年生活水平。所以，老人们普遍存在“不敢病、病不起”的抱怨，因为隐形的治疗费、医药费、护工费等花销会完全拖垮尚可衣食无忧的晚年生活。更何况，对于中国绝大多数靠养老金度日的退休族来说，一生的积蓄多半花在孩子身上，真正留给自己的养老保命钱微乎其微。除了房子，几乎不再有任何能上得了台面的“大件财富”。

那么对于这搬不动挪不走，只能死后作为遗产传承的房子，是否可以变成老人专属的“活银行”，实现资金的随取随用呢？事实上，不论出租还是出售，都能盘活房产资金，关键在于头脑开不开窍。但通常情况下，若不是遇到无法逾越的大额资金难题，卖房是下策。相比来说，将房产出租，到机构养老则不失为明智之选。况且眼下越来越多的养老院走的都是“医养结合”的新路子，不论三餐护理还是医疗配套都比居家养老更科学、更专业。可以预计，未来老龄化时代，其必将成为多数人养老的主流。

与此同时，对于终将老去的年轻一代，在二三十年后退休的彼时，不论社会环境还是物价水平都与现在不可同日而语，若单纯指望退休金也许只能保证最基本的生活，故以租养老方式同样适用。基于此，年轻人不妨从现在起做好理财规划，并依据自身实力物色好可供自己未来养老的房子。对于收入相对丰厚的人来说，沿街商铺是不错的选择，无论社会如何变迁，总还有大批创业者，市场租用需求永远存在。而对于中等收入的工薪族，以下三类房产都值得作为日后以租养老的标的。其一是配套齐全，地处交通枢纽，且有望形成大型社区团的100平方米以下户型的房产；其二是物业管理口碑好的大型开发商的知名地产项目；其三是重点中小学周边的学区房，或大学城附近的门脸房，租售比都相当高。

总之，盘活我们的房子，完全可以倍增有限的退休金。万不要以为这只是老年人该琢磨的问题，趁着年轻多为父母、为未来的自己做一份打算，才是聪明之举。

随读笔记

送Ta的话